Kikky Shaurin Maher

Projeto de instalações e análise do efeito da rotação em misturas de biodiesel

Kikky Shaurin Maher

Projeto de instalações e análise do efeito da rotação em misturas de biodiesel

ScienciaScripts

Cover image: www.ingimage.com

This book is a translation from the original published under ISBN 978-620-2-30905-9.

Publisher:
Sciencia Scripts
is a trademark of
Dodo Books Indian Ocean Ltd. and OmniScriptum S.R.L publishing group

120 High Road, East Finchley, London, N2 9ED, United Kingdom
Str. Armeneasca 28/1, office 1, Chisinau MD-2012, Republic of Moldova, Europe
Printed at: see last page
ISBN: 978-620-8-28873-0

RESUMO

Devido ao elevado crescimento da procura de combustíveis fósseis no mundo atual, não nos resta outra alternativa senão procurar fontes alternativas para fazer face à procura e uma dessas alternativas é o biodiesel. Os motores de combustão interna estão a usar combustível de petróleo a uma taxa elevada nos dias de hoje, além disso, o aumento notável da população de todo o mundo e a sua procura contínua de muitos veículos, modernização e urbanização tem enfatizado a utilização de uma fonte alternativa interminável que é o biodiesel. O processo de sedimentação contínua demora 24 horas, o que constitui o principal obstáculo à produção contínua de misturas. Neste artigo, foram estudadas diferentes misturas de biodiesel produzidas a partir de uma nova fábrica automática de biodiesel. Durante o processo de esterificação, foram aplicadas várias velocidades utilizando um servomotor auto-controlado e o tempo de assentamento foi observado, tendo-se verificado que variava consoante a velocidade. Foi também efectuado um estudo comparativo das misturas no que diz respeito às propriedades químicas e mecânicas, tais como a viscosidade cinemática, a densidade, o ponto de inflamação e o valor calorífico, tendo-se verificado que estas se alteravam em função da velocidade de rotação. Neste trabalho, os investigadores forneceram uma ideia clara e uma explicação sobre a produção de biodiesel a partir de vários óleos disponíveis, bem como compararam as suas propriedades mecânicas e químicas. Neste caso, foram tidos em consideração muitos valores de diferentes propriedades para o número de óleos e o número de rotações do misturador para obter melhores resultados. Os investigadores mostraram o projeto da unidade de biodiesel totalmente automatizada e o procedimento de trabalho dessa unidade para produção e fornecimento contínuos. Sabe-se que, devido à variação da viscosidade, do poder calorífico e de algumas outras propriedades, o combustível comporta-se de formas diferentes, além de que a sua lubricidade também depende destas variações de propriedades.

PALAVRAS-CHAVE: Unidade automatizada de biodiesel, Produção contínua de biodiesel, Propriedades mecânicas e químicas do biodiesel.

RECONHECIMENTO

Em primeiro lugar, gostaria de manifestar a minha profunda gratidão a Deus Todo-Poderoso pelas Suas bênçãos sobre este trabalho de tese, que me permitiram concluí-lo com todo o prazer. Gostaria de transmitir a minha sincera gratidão ao meu orientador pela sua dedicação e atenção durante todo o período desta tese. Ao **DR. Md. Alamgir Hossain**, Professor do Departamento de Engenharia Mecânica do MIST, que contribuiu com valiosos conhecimentos e orientações que reflectem a sua experiência. E por toda a sua orientação, sugestão e inspiração contínuas, consegui realizar o meu trabalho de tese. Estou-lhe grato por me ter dado a conhecer o mundo da investigação avançada. Gostaria de agradecer profundamente a várias pessoas que, durante os vários meses em que durou este trabalho, me prestaram uma ajuda útil e prestável. Sem a sua atenção e consideração, é muito provável que esta tese não tivesse sido concluída. Agradeço sinceramente aos assistentes de laboratório que deram o seu valioso conhecimento e tempo para nos fornecerem os dados esperados através do meu trabalho de inquérito. Por último, apresento os meus cumprimentos e as minhas bênçãos a todos aqueles que me apoiaram de alguma forma durante a realização da tese.

Autor

CONTEÚDO

CAPÍTULO 1
INTRODUÇÃO

1.0 INTRODUÇÃO

A civilização moderna está muito dependente da energia fóssil. A energia obtida a partir de recursos fósseis é muito superior a qualquer outro recurso. A maior parte das necessidades energéticas mundiais é suprida por recursos petroquímicos, carvão, petróleo e gás natural. O consumo de combustíveis fósseis está a aumentar de ano para ano. Uma vez que os recursos fósseis não são renováveis, o preço dos combustíveis está a subir em consequência do aumento da procura e da diminuição da oferta. O gasóleo tem uma densidade energética mais elevada do que a gasolina. Por conseguinte, os motores diesel são amplamente utilizados nos transportes pesados, na produção de energia e também nos sectores agrícolas. Consequentemente, a taxa de esgotamento do gasóleo é muito mais elevada do que a dos outros combustíveis à base de gasolina, o que faz com que o preço do gasóleo seja mais elevado do que o da gasolina. No Bangladesh, os recursos de combustíveis petroquímicos são muito limitados. Assim, para satisfazer a procura de energia, o Bangladesh está totalmente dependente da importação de petróleo bruto dos países do Médio Oriente. Além disso, como o Bangladesh importa petróleo bruto leve da Arábia (ALC), o custo associado à refinação do petróleo é também enorme. Além disso, a crescente preocupação com as questões ambientais nos anos 90 (i.e. lei do ar limpo) aumentou o interesse pelos combustíveis alternativos, abrindo caminho a um maior financiamento e esforço para estudos de investigação. O aumento da quantidade de gases com efeito de estufa (GEE), como o CO2, que está a causar o aquecimento global e as alterações climáticas, bem como o declínio das reservas de combustíveis fósseis e, mais importante ainda, os elevados preços dos combustíveis, aumentaram fortemente o interesse na utilização de bio-óleos e biodiesel para fins terrestres, de transporte e de produção de energia. As fontes de biocombustíveis são renováveis e a utilização de biocombustíveis assegura uma quantidade reduzida de emissões de partículas, HC e NOX para o ambiente. Assim, os biocombustíveis podem surgir como uma excelente alternativa aos combustíveis fósseis. A utilização de óleos vegetais como combustível alternativo para motores diesel remonta a cerca de um século. Dependendo das condições do solo e do clima, os diferentes países procuram diferentes óleos vegetais, por exemplo, o óleo de soja nos EUA, o óleo de colza e de girassol na Europa, o óleo de palma na Malásia e na Indonésia e o óleo de coco nas Filipinas estão a ser considerados como substitutos do combustível para motores diesel[15].

A crise dos combustíveis e da energia e a preocupação da sociedade com o esgotamento dos recursos energéticos mundiais não renováveis levaram a um interesse renovado na procura de combustíveis alternativos. Um dos combustíveis alternativos mais promissores é o biodiesel, que é produzido a partir de óleo vegetal ou gordura animal através do processo químico "transesterificação". O biodiesel tem um desempenho tão bom como o do gasóleo normal. Um teste efectuado pelo DOE em 1998 confirmou que a utilização de misturas baixas de biodiesel permite um aumento da economia de combustível. Rudolph Diesel, o inventor do motor diesel, fez experiências com diferentes combustíveis, desde carvão em pó a óleo de amendoim. Este documento apresenta um breve estudo sobre uma unidade de biodiesel totalmente automatizada para produção contínua num veículo. Os biocombustíveis têm vindo a tornar-se rapidamente predominantes devido ao seu constante aumento do valor económico e, ao mesmo tempo, ao facto de terem menos efeitos negativos no ambiente. Todas as substâncias de origem vegetal e animal com compostos de hidratos de carbono como componentes principais são recursos de biocombustíveis. A madeira, as plantas oleaginosas, as plantas produtoras de hidratos de carbono, as plantas produtoras de fibras (linho, cânhamo, sorgo, etc.), as plantas produtoras de proteínas (ervilhas, feijões, etc.) e os resíduos de plantas (galho, caule, palha, raiz, crosta, etc.) constituem os recursos vegetais de biocombustíveis.

O conceito de biocombustível é surpreendentemente antigo. Existe há tanto tempo como os automóveis. Rudolf Diesel, cuja invenção tem agora o seu nome, tinha imaginado o óleo vegetal como fonte de combustível para o seu motor. De facto, grande parte do seu trabalho inicial girava em torno dos biocombustíveis. Em 1900, por exemplo, na Exposição Mundial de Paris, em França, Diesel demonstrou o seu motor fazendo-o funcionar com óleo de amendoim. A gasolina e o gasóleo são, na verdade, biocombustíveis antigos. Mas são conhecidos como combustíveis fósseis porque são produzidos a partir de plantas e animais decompostos que foram enterrados no solo durante milhões de anos. Os biocombustíveis são semelhantes, exceto pelo facto de serem produzidos a partir de plantas cultivadas atualmente. Durante a Segunda Guerra Mundial, a procura de biocombustíveis aumentou à medida que os combustíveis fósseis se tornaram menos abundantes. O aumento mais recente da popularidade dos biocombustíveis ocorreu na década de 1990, em resposta a normas de emissão mais rigorosas e à crescente procura de maior economia de combustível. Os biocombustíveis são frequentemente divididos em três gerações

- Os biocombustíveis de primeira geração são designados por biocombustíveis convencionais. São produzidos a partir de açúcar, amido ou óleos vegetais.
- 2nd Os biocombustíveis de geração são produzidos a partir de matérias-primas sustentáveis. A sustentabilidade de uma matéria-prima é definida pela sua disponibilidade, o seu impacto nas emissões de gases com efeito de estufa, o seu impacto na utilização dos solos e o seu potencial para ameaçar o abastecimento alimentar.
- A geração 3rd refere-se a quaisquer biocombustíveis derivados de algas. Estes biocombustíveis são classificados separadamente devido ao seu mecanismo de produção único e ao seu potencial para atenuar a maioria dos inconvenientes dos biocombustíveis das gerações 1st e 2nd .

> **Biocombustíveis de primeira geração (2000-2010):** O biodiesel, que é definido como um éster metílico de ácidos gordos que pode ser utilizado em motores de combustão interna sem exigir quaisquer modificações na conceção do motor, e o bioetanol, que é produzido a partir de fontes que contêm açúcar e amido, estão incluídos neste grupo. O bioéter etílico terciário butílico, que é um derivado do etanol utilizado como aditivo para a gasolina, e o biogás são outros biocombustíveis de primeira geração. Na produção de biodiesel e bioetanol são utilizados produtos agrícolas, bem como insumos da indústria alimentar. Os produtos secundários são utilizados para a produção de biogás.

Tabela nº: 1.1 Prós e contras do biodiesel de primeira geração:

Pros	Cons
• Simple and well-known production method. • Familiar feedstock. • Scalable to smaller production capacities. • Fungibility with existing petroleum derived fuels. • Experience with commercial production and use in several countries.	• Feedstock competes directly with crops grown for food. • Production by-product needs market. • High cost of production. • Low land use efficiency.

> **Biocombustíveis de segunda geração (2010-2030):** Os combustíveis que podem ser utilizados em veículos movidos a combustíveis flexíveis ou na produção de calor e eletricidade, obtidos através de tecnologias de conversão de biomassa, como o bio metanol e o bio hidrogénio, e os produtos da tecnologia de combustíveis líquidos de biomassa (gasóleo Fischer-Tropsch e gasolina Fischer-Tropsch) estão incluídos neste grupo.

Tabela nº: 1.2 Biodiesel de primeira geração vs. Biodiesel de segunda geração

	1st Generation	2nd Generation
Usability in existing petroleum infrastructure	Yes	Yes
Proven commercial technology availability	Yes	No
Relatively simple conversion process	Yes	No
Markets for by-products	Yes	Yes
Capital investment per unit of production	Lower	Higher
Feedstock cost per unit of production	Higher	Lower
Total cost of production	Higher	Lower

> **Biocombustíveis de terceira geração (após 2030):** Um dos principais objectivos dos biocombustíveis de terceira geração, também designados por "combustíveis avançados", é a produção de biocombustíveis utilizando plantas geneticamente alteradas que contêm maiores quantidades de óleo e celulose e algas, através de uma mudança das fontes de lenhinocelulose para fontes celulósicas e da utilização de tecnologias integradas de bio-refinaria.

> **Biocombustíveis de quarta geração (após 2030):** Os biocombustíveis de quarta geração serão produzidos a partir de matérias-primas geneticamente optimizadas.

O monóxido de carbono presente na tubagem e nos gases de escape do biocombustível não será libertado para a atmosfera, uma vez que é retido por tecnologias de retenção e armazenamento de carbono. Para esses biocombustíveis, também conhecidos como "biocombustíveis com carbono negativo", serão efectuados estudos aprofundados sobre a melhoria das capacidades de retenção e armazenamento de carbono no âmbito da tecnologia do carvão limpo. Além disso, pretende-se remover o dióxido de carbono através da utilização de certos microrganismos para o transformar em substâncias como o açúcar e, consequentemente, em combustíveis como o etanol e o hidrogénio (Demirbas, 2011).

As caraterísticas importantes do biodiesel são as seguintes

- É obtido a partir de fontes de matérias-primas renováveis
- Diminui a dependência dos produtos petrolíferos
- diminui consideravelmente as emissões
- Não contém enxofre
- Tem boas propriedades lubrificantes e aumenta o efeito lubrificante quando misturado com gasóleo
- Tem propriedades de transporte seguro, armazenamento e utilização fácil devido à sua elevada temperatura de ignição
- Tem um poder calorífico próximo do do gasóleo e um índice de cetano superior ao do gasóleo
- A utilização de combustível biodiesel provoca uma diminuição da quantidade de partículas, CO e HC existentes nos gases de escape[10].

1.1 UMA BREVE HISTÓRIA DO BIODIESEL

Tudo o que queimamos ou alguma vez queimámos como combustível teve origem num ser vivo. Ou começou como uma planta, recolhendo energia do sol e retirando dióxido de carbono do ar para armazenar essa energia, ou então foi um animal que comeu essa planta (ou comeu o animal que comeu essa planta). Num certo sentido, todo o combustível é biocombustível; no entanto, geralmente reservamos a designação "biocombustível" para material que esteve recentemente vivo - para o distinguir do combustível fóssil.

O biocombustível tem sido o "combustível do futuro" há pelo menos cem anos. A sua promessa como combustível limpo, renovável e disponível a nível nacional foi reconhecida há muito tempo. Em 1917, Alexander Graham Bell fez a seguinte observação na National Geographic,

"O álcool é um combustível bonito, limpo e eficiente. O álcool pode ser fabricado a partir de caules de milho e, de facto, a partir de quase todas as matérias vegetais capazes de fermentação... Não precisamos de recear o esgotamento das nossas actuais reservas de combustível enquanto pudermos produzir uma quantidade anual de álcool na medida desejada."

Mas apesar da sua promessa, o álcool como combustível tem tido os seus desafios. Ao longo da sua história, os produtores de biocombustíveis têm travado uma batalha quase sempre perdida com os combustíveis fósseis derivados do petróleo, competindo por subsídios e tratamento fiscal preferencial. Devido ao seu maior peso político e económico, a indústria dos combustíveis fósseis tem geralmente levado a melhor, embora isso possa estar a começar a mudar.

Nem sempre foi assim. Desde a década de 1820, uma mistura de canfeno e álcool era o combustível dominante para os candeeiros, chegando a vender-se 100 milhões de galões por ano, quase dez vezes o volume do óleo de baleia, mais caro. Muitos agricultores tinham os seus próprios alambiques, que utilizavam para produzir óleo de iluminação (e outras coisas) a partir de resíduos das colheitas. Tudo isso teve um fim abrupto em 1862, quando um imposto de US$ 2 por galão foi cobrado sobre o álcool para ajudar a financiar a Guerra Civil. Mas, de alguma forma, o querosene, ou óleo de carvão, como era chamado na altura, foi taxado a apenas dez cêntimos por galão. Em 1870, o querosene estava a vender mais de 200 milhões de galões por ano.

O imposto sobre o álcool foi revogado em 1906 por Teddy Roosevelt, que afirmou,

"A Standard Oil Company tem, em grande parte por métodos injustos ou ilegais, esmagado o comércio doméstico... É altamente desejável que um elemento de competição seja introduzido colocando o álcool na lista de isenção [de impostos]."

Esta tendência para a frente e para trás manter-se-ia durante o século seguinte.

As raízes do biocombustível remontam aos primeiros tempos do automóvel. O primeiro motor de combustão interna nos EUA foi construído por Samuel Morey, que o utilizou para impulsionar um pequeno barco no rio Connecticut em 1826. Ele abasteceu-o com uma mistura de terebintina e álcool.

O inventor alemão Nicolas August Otto é geralmente considerado o responsável pela invenção do primeiro motor de automóvel. O motor de combustão interna a quatro tempos que desenvolveu em 1876 utilizava como combustível o álcool, que era abundante e não era tributado na Europa. Rudolph Diesel demonstrou o seu primeiro motor em 1900 a funcionar com óleo de amendoim. O Ford Modelo T, lançado em 1908, também foi concebido para funcionar com etanol.

Mas, de alguma forma, a "mão invisível" deu destaque à gasolina. Em 1920, havia 9 milhões de veículos movidos a gasolina nas estradas.

Os biocombustíveis tentaram regressar na década de 1930 sob a forma de misturas de gasolina. A Agrol, de Atchison, Kansas (atualmente Midwest Grain Products) era apoiada pela Ford, mas tinha a oposição das companhias petrolíferas. A certa altura, havia 2.000 postos em todo o Midwest, mas a empresa faliu em 1939. Durante a guerra, o etanol foi utilizado principalmente para produzir 75% de toda a borracha sintética, que era muito procurada. O etanol também foi utilizado como combustível de aviação.

Depois da guerra, a gasolina tornou-se tão barata que o etanol desapareceu completamente do mercado, até aos embargos petrolíferos da década de 1970. Com a escassez de gasolina e as longas filas nas bombas, reacendeu-se o interesse pelos combustíveis alternativos. O professor Thomas B. Reed, do MIT, era um defensor declarado do desenvolvimento de novos combustíveis, mas a sua investigação foi cancelada por pressão da Exxon, um dos principais contribuintes da escola. No entanto, o "gasohol", uma mistura de gasolina e álcool, tornou-se amplamente disponível durante essa década, incentivado por um crédito fiscal de 58 cêntimos por galão.

Quando os preços da gasolina baixaram, o interesse pelo etanol voltou a diminuir e o crédito fiscal foi reduzido, em 2005, para 47 cêntimos por galão.

Mais recentemente, as preocupações com a dependência do petróleo estrangeiro, bem como a consciência das alterações climáticas, entraram nas agendas públicas e governamentais, resultando numa série de acções que abriram as portas a um ressurgimento dos biocombustíveis.

Em 1992, a Lei da Política Energética exigiu que os fabricantes de automóveis oferecessem modelos capazes de utilizar combustíveis alternativos. Em 2006, o programa Renewable Fuels

Standards (RFS) incentivou a utilização de etanol e biodiesel com o objetivo de duplicar a sua utilização até 2012. Em 2007, a Lei de Independência e Segurança Energética (EISA) exigiu a incorporação de 15 mil milhões de galões de etanol no abastecimento de combustível até 2015 e 36 mil milhões de galões até 2022. A EISA também estabelece um limite máximo de 15 mil milhões de galões de milho que podem ser afectados ao combustível, de modo a não interferir excessivamente com o abastecimento alimentar. Prevê-se que grande parte do restante seja proveniente do etanol celulósico, que tem vindo a ser produzido lentamente, sendo o restante proveniente do biodiesel e de outros biocombustíveis avançados não especificados, que poderão incluir algas ou outros organismos.

Embora o futuro do nosso aprovisionamento energético seja totalmente incerto, parece claro que os biocombustíveis desempenharão um papel fundamental. Globalmente, os biocombustíveis contribuem com mais de 20% de toda a energia renovável consumida no país. Para além da energia hidroelétrica (35 por cento), é o maior contribuinte individual, aproximadamente o mesmo que a madeira, e ligeiramente mais do que o vento. Iremos explorar mais profundamente o papel dos biocombustíveis no quadro energético emergente, bem como uma série de questões relativas à sua produção e utilização na próxima série. [6]

1.2 Fontes de Biodiesel

O biodiesel é o combustível que pode ser produzido a partir de óleos vegetais simples, comestíveis e não comestíveis, óleos vegetais residuais reciclados e gordura animal. Os principais países produtores de biocombustíveis para transportes são os EUA, o Brasil e a UE. A produção nos Estados Unidos foi maioritariamente de etanol de milho, no Brasil foi de etanol de cana-de-açúcar e na União Europeia foi maioritariamente de biodiesel de colza.

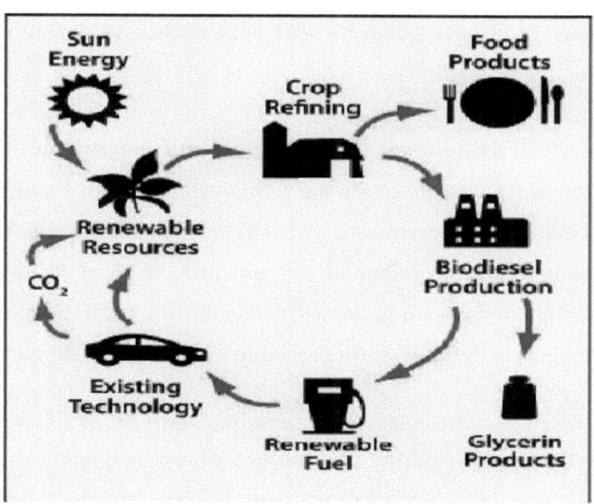

Fig 1.1: Fontes de Biodiesel

A figura acima mostra o ciclo de produção do biodiesel: a energia solar e o dióxido de carbono, juntamente com outros factores de produção, são utilizados para cultivar plantas que, por sua vez, são colhidas e processadas. Por exemplo, os grãos de soja são esmagados para produzir óleo, que é o material básico a ser transformado em biodiesel. O processo de produção força o óleo vegetal a reagir com um catalisador para produzir ésteres de ácidos gordos, o nome químico do biodiesel. O combustível é então utilizado nos veículos existentes, que também produzem carbono.

Os óleos vegetais são combustíveis líquidos provenientes de fontes renováveis e não sobrecarregam o ambiente com emissões. Os óleos vegetais têm potencial para tornar produtivas as terras marginais devido à sua propriedade de fixação de azoto no solo. A sua produção requer um menor consumo de energia. Têm um teor energético mais elevado do que outras culturas energéticas, como o álcool. Têm 90% do teor de calor do gasóleo e têm um rácio produção/insumo favorável de cerca de 2-4:1 para a produção de culturas sem irrigação. Os preços actuais dos óleos vegetais no mundo são quase competitivos com o preço do combustível de petróleo. A combustão de óleos vegetais tem espectros de emissão mais limpos e uma tecnologia de processamento mais simples. Mas estas ainda não são economicamente viáveis e necessitam de mais trabalho de I&D para o desenvolvimento de tecnologia de processamento na exploração agrícola.

Devido ao rápido declínio das reservas de petróleo bruto, a utilização de óleos vegetais como combustível para motores diesel é novamente promovida em muitos países. Dependendo do clima e das condições do solo, diferentes nações estão a estudar diferentes óleos vegetais para combustíveis diesel. Por exemplo, o óleo de soja nos EUA, os óleos de colza e de girassol na Europa, o óleo de palma no Sudeste Asiático (principalmente na Malásia e na Indonésia) e o óleo de coco nas Filipinas estão a ser considerados como substitutos do gasóleo mineral.

Um combustível alternativo aceitável para motores tem de satisfazer as necessidades ambientais e de segurança energética sem sacrificar o desempenho operacional. Os óleos vegetais podem ser utilizados com êxito em motores de ignição por compressão através de modificações no motor e no combustível, porque o óleo vegetal na sua forma bruta não pode ser utilizado em motores. Tem de ser convertido num combustível mais amigo do motor, o biodiesel. O biodiesel tem uma densidade energética, um índice de cetano, um calor de vaporização e uma relação estequiométrica ar/combustível comparáveis aos do gasóleo mineral. A grande dimensão molecular dos triglicéridos componentes faz com que o óleo tenha uma viscosidade mais elevada do que a do gasóleo mineral. A viscosidade afecta o manuseamento dos combustíveis pelo sistema de bombas e injectores e a forma da pulverização do combustível.

Os óleos e as gorduras são misturas de líquidos. Os seus principais componentes dos óleos crus são normalmente o triacilglicerol (geralmente > 95%), bem como os diacilgliceróis, os monoacilgliceróis e os ácidos gordos livres (AGL). Podem também estar presentes outras substâncias, como fosfolípidos, esteróis livres e ésteres de esteróis, tocolos, álcoois triterpénicos, hidrocarbonetos e vitaminas lipossolúveis. A principal diferença entre os óleos vegetais e as gorduras animais é o facto de as gorduras animais serem geralmente saturadas, ou seja, não terem ligações duplas, o que as torna sólidas à temperatura ambiente. Por outro lado, os óleos vegetais são normalmente líquidos à temperatura ambiente.

A estrutura dos óleos vegetais é diferente da estrutura do gasóleo mineral. No caso dos óleos vegetais, podem ser ligados até três ácidos gordos a uma molécula de glicerol, utilizando ésteres como ligantes. Estas moléculas são o principal constituinte acima mencionado, o triacilglicerol, enquanto os diacilgliceróis e os monoacilgliceróis se referem aos casos em que apenas dois ou um ácido gordo estão ligados a uma molécula de glicerol. Os ácidos gordos presentes nos óleos serão diferentes uns dos outros, dependendo do seu comprimento e, também, do número, orientação e posição das ligações duplas.

1.3 Limitações

A principal limitação deste projeto é a dificuldade em determinar a qualidade do biodiesel produzido. Para o efeito, é necessário um equipamento de cromatografia gasosa, mas infelizmente não existia tal equipamento, o que determinou os resultados finais. Por conseguinte, não foi possível determinar se o biodiesel produzido cumpre as especificações. No entanto, foram utilizados alguns outros testes simples e os resultados obtidos são positivos.

Deve também ser mencionado que não foi dada a maior importância ao aspeto económico na condução da investigação. Assim, mesmo que se garanta a produção de biodiesel de qualidade adequada ou desejada, não se pode garantir que seja económico.

Embora o biodiesel tenha várias vantagens, a sua utilização implica também algumas desvantagens que devem ser mencionadas:

- A matéria-prima agrícola é necessária para produzir biodiesel e, por vezes, a sua disponibilidade pode ser limitada devido à necessidade de produzir alimentos. Este facto pode impor limites à produção de biodiesel.
- A viscosidade cinemática do biodiesel é mais elevada do que a do gasóleo. Isto afecta a atomização do combustível durante a injeção e requer sistemas de injeção de combustível modificados.
- O biodiesel tem um elevado teor de oxigénio, o que, quando queimado, produz níveis de NOx mais elevados do que os produzidos pelo gasóleo mineral.
- A oxidação do biodiesel ocorre mais facilmente do que a oxidação do gasóleo, pelo que, quando armazenado durante longos períodos, podem ser produzidos alguns produtos que podem ser prejudiciais para os componentes do veículo.
- O biodiesel é higroscópico, absorve água facilmente. O teor de água do biodiesel é limitado pelas normas. Assim, o contacto do biodiesel com fontes de humidade deve

ser evitado.

- Em parte devido à sua produção local e doméstica, o biodiesel produzido pode não cumprir as normas europeias ou americanas e pode causar corrosão, bloqueio do sistema de combustível, falhas nos vedantes, entupimento dos filtros e depósitos nas bombas de injeção.
- A sua menor densidade energética volumétrica significa que é necessário transportar mais combustível para a mesma distância percorrida quando se utiliza biodiesel do que quando se utiliza gasóleo.
- Pode provocar a diluição do óleo lubrificante do motor, exigindo mudanças de óleo mais frequentes do que nos motores diesel normais.
- É necessária uma infraestrutura de reabastecimento modificada para lidar com o biodiesel, o que aumenta o seu custo total.

Quadro 1.3: Diferentes denominações de óleos

Vegetable oils	Non edible oils	Animal fats	Other sources
Soybeans	Almond	Lard	Bacteria
Rapeseed	*Abutilon muticum*	Tallow	Algae
Canola	Andiroba	Poultry Fat	Fungi
Safflower	Babassu	Fish oil	Micro algae
Barley	*Brassica carinata*		Tarpenes
Coconut	*B. napus*		Laxetes
Copra	Camelina		Cooking oil (yellow grease)
Cotton seed	Cumaru		Microalgae (Chroellavulgaris)
Groundnut	*Cynara cadunculus*		
Oat	Jatrophacurcas		
Rice	*Jathropa nana*		
Sorghum	Jojoba oil		
Wheat	Pongamiaglabra		
Winter rapeseed oil	Laurel		
	Lesquerellafendleri		
	Mahua		
	Piqui		
	Palm		
	Karang		
	Tobacco seed		
	Rubber plant		
	Rice bran		
	Sesame		
	Salmon oil		

A escolha do azeite é provavelmente uma questão mais complexa do que a escolha do álcool.

Neste caso, devem ser tidos em conta muitos factores diferentes e não apenas o preço. Ao comentar o preço, deve notar-se que quanto mais baixo for o preço, mais baixa será a qualidade do óleo. Normalmente, um preço mais baixo significa um elevado teor de AGL, o que, como se verá nos próximos capítulos, implica uma maior produção de sabão, um subproduto que não é interessante. Além disso, o sabão pode levar a dificuldades na reação e na separação dos produtos. Os óleos com maior quantidade de AGL são normalmente óleos vegetais usados, ou seja, óleos que foram utilizados para fins culinários. No caso dos óleos vegetais limpos, os valores de AGL não devem ser tão elevados.
Outro motivo importante para escolher um tipo de óleo em vez de outro é o facto de o tipo de biodiesel obtido depender muito do óleo que foi utilizado para o produzir. A Tabela 1.2 mostra a viscosidade cinemática de diferentes óleos e biodiesel, obtidos de diferentes fontes. Pode ser apreciado que o óleo a partir do qual é obtido afectará de diferentes formas a viscosidade cinemática do produto.

1.4 Um movimento a favor do biodiesel

Um grupo de produtores de soja estava interessado na possibilidade de comercializar os seus grãos de soja para a produção de combustíveis alternativos. Formaram o Comité Consultivo Nacional para os Combustíveis de Soja em março de 1992.

Este comité determinou que existiam vários mercados potenciais para o biodiesel.

O National Soy diesel Development Board (NSDB) foi criado em outubro de 1992 com o objetivo de comercializar o biodiesel. Esta era uma organização sem fins lucrativos. Decidiram alargar o seu apoio, incluindo outros grupos de matérias-primas, e mudaram o seu nome para National Biodiesel Board (NBB).

As preocupações ambientais também tiveram um impacto significativo no desenvolvimento do biodiesel. A Clean Air Act Amendments de 1990 e a Energy Policy Act de 1992 exigem a utilização de um combustível "limpo" nas frotas regulamentadas de camiões e autocarros.

A segurança energética também tem desempenhado um papel no crescimento da popularidade do biodiesel. O desejo de quebrar a nossa dependência de produtos petrolíferos estrangeiros é grande.

- **Os biocombustíveis foram os nossos primeiros combustíveis para transportes**

Os primeiros automóveis construídos foram feitos para funcionar com biocombustíveis, em vez de combustíveis fósseis:

- O primeiro motor de combustão interna patenteado nos EUA em 1826 foi concebido para funcionar com uma mistura de etanol e terebintina (derivada dos pinheiros).
- Henry Ford projectou o seu Modelo T original de 1908 para funcionar com etanol
- Rudolph Diesel tencionava alimentar o seu motor com óleo vegetal

1.5 O aparecimento do petróleo em grande escala

Os combustíveis fósseis também têm sido utilizados desde a antiguidade, sob várias formas e em pequena escala. No entanto, foi em meados de 1800 que começaram a ser comercializados e a estar disponíveis em grande escala. Nessa altura, o carvão tornou-se amplamente disponível; foi inventado o querosene, o primeiro hidrocarboneto líquido combustível; e iniciou-se a perfuração dos primeiros poços de petróleo comerciais. Consequentemente, a grande oferta, o baixo preço, a eficiência e a praticidade dos combustíveis fósseis reduziram o nosso apetite pelos biocombustíveis nesta altura. Além disso, o movimento de proibição nos EUA interrompeu o desenvolvimento dos biocombustíveis, quando ainda estavam a dar os primeiros passos, e incentivou a utilização de combustíveis fósseis.

1.6 Como é que os biocombustíveis voltaram a estar na moda?

Durante a Primeira Guerra Mundial, houve escassez de petróleo (fóssil), pelo que o etanol foi muito procurado, uma vez que se soube que o etanol podia ser misturado com a gasolina para obter um combustível adequado para motores.

Mais recentemente, desde a década de 1970, registaram-se várias crises petrolíferas (fósseis) que suscitaram um interesse renovado pelos biocombustíveis:

- Crise petrolífera de 1973: causada pelo embargo à exportação de petróleo da

Organização dos Países Árabes Exportadores de Petróleo (OAPEC).

- Crise petrolífera de 1979: provocada pela revolução iraniana.
- Choque do preço do petróleo em 1990: causado pela Guerra do Golfo.

Este facto levou muitos países, como os EUA e o Brasil, a iniciar a produção moderna de biocombustíveis em grande escala. Nos últimos 10 anos, os biocombustíveis foram adoptados como uma forma de ajudar a resolver alguns dos maiores desafios do mundo: o declínio do abastecimento de combustíveis fósseis, os elevados preços do petróleo e as alterações climáticas.

Esta é a história de como os biocombustíveis surgiram, porque foram largamente esquecidos e como foram recentemente redescobertos com um interesse renovado. [21]

1.7 Objetivo

O objetivo final deste projeto é conceber, fabricar e testar um processador de biodiesel de fluxo contínuo. Por isso, este projeto está dividido em duas fases:

> Na primeira fase, os alunos devem conceber, fabricar e testar um sistema automatizado de fluxo contínuo que limitará a interação do operador para depositar o óleo vegetal usado no processador. O sistema deve ocupar-se automaticamente da movimentação dos fluidos ao longo do sistema, de todas as reacções químicas, da drenagem do subproduto glicerol residual e, após a conclusão de um ciclo completo, o sistema deve apresentar ao operador um biodiesel acabado que cumpra as normas ASTM. Este sistema facilitará a produção de quantidades suficientes de biodiesel que podem ser utilizadas para alimentar mais motores a gasóleo. As especificações definidas para o processador do presente projeto são as seguintes

1) Transformar uma determinada quantidade de óleo vegetal usado em biodiesel de qualidade (ph entre 7 e 7,25),

2) Entrada mínima do operador,

3) Custo mínimo de manutenção a longo prazo,

4) O sistema deve ser expansível para se adaptar às mudanças nas necessidades do operador, e

5) Ligar a uma tomada eléctrica normal de 115 V. Esta fase está concluída e os resultados são apresentados nesta conferência.

> Na segunda fase deste projeto, os estudantes irão desenvolver ainda mais o sistema atual, utilizando uma nova tecnologia de processamento contínuo de biodiesel. Esta tecnologia cria um novo efeito mecânico quântico ao aumentar drasticamente os rácios área de superfície/volume. A reação violenta na célula de fluxo cria bolhas de tamanho nanométrico que aumentam enormemente a área de superfície na qual a reação pode ter lugar. Esta tecnologia pode reduzir o tempo de processamento de 1-4 horas, necessário no processamento em lote, para menos de 30 segundos. Além disso, reduz o tempo de separação de 10 horas para 1 hora. O objetivo final deste projeto é aumentar significativamente a capacidade de produção e a qualidade do produto, reduzindo simultaneamente os custos. Esta fase está em curso e os resultados serão apresentados numa futura conferência.

1.8 Resumo

A primeira secção da tese, designada por secção introdutória, explica as propriedades dos óleos vegetais e os seus constituintes, bem como as suas fontes. Além disso, é dada uma justificação para não serem utilizados diretamente como combustíveis, quando se fala das suas desvantagens. Por fim, são explicados os diferentes métodos para melhorar as propriedades dos óleos vegetais para os utilizar como combustíveis. Aqui também se fala de biodiesel.

O segundo capítulo trata de alguns trabalhos efectuados anteriormente, trabalhos de investigação, história do biodiesel e sua origem. Também se discute se o biodiesel está a manter um bom aspeto na utilização mundial. São apresentados alguns estudos gráficos para dar uma ideia e um conhecimento específicos sobre o assunto. A procura atual e futura é apresentada com algumas tabelas de dados calculados recentemente. Nos países do terceiro mundo e nos países em desenvolvimento como o Bangladesh, a forma como esta energia renovável tem um impacto positivo e efetivo sobre a utilização de energias convencionais como o gás natural e outros óleos de petróleo utilizados em veículos é também apresentada neste capítulo.

Segue-se um capítulo exaustivo sobre o biodiesel. Nele, para além de definir o que é o biodiesel, a reação de transesterificação é explicada em pormenor. Além disso, é explicado como limpar o biodiesel e são indicadas todas as caraterísticas do biodiesel. Por fim, são apresentadas as vantagens e desvantagens do biodiesel.

O quarto capítulo é o procedimento experimental. Como o próprio nome indica, o que foi feito no laboratório é explicado passo a passo, seguindo a ordem do processo automático de fabrico de biodiesel. Começa com a titulação. De seguida, vem a produção de biodiesel, onde são explicados todos os diferentes métodos que foram experimentados. De seguida, explica-se como se faz a separação dos produtos e como se faz a limpeza. Segue-se a explicação dos diferentes testes que foram efectuados para verificar a qualidade do biodiesel. Por fim, são descritos os diferentes ensaios efectuados com a centrífuga.

Após o procedimento experimental, há um capítulo que mostra todos os resultados obtidos no laboratório. São apresentados os resultados de todas as experiências relevantes realizadas, para a titulação, produção de biodiesel, limpeza e utilização da centrifugadora.

Depois disso, é feita uma discussão dos resultados, indicando a sua validade e os factores-chave que ajudam a compreendê-los. Também se discute quais são as melhores formas de produzir biodiesel e as vantagens e desvantagens dos diferentes métodos. Inclui-se também uma secção sobre o metanol, uma questão importante na produção de biodiesel.

O último capítulo é o das conclusões e recomendações. Nele, é feita a interpretação de tudo o que foi feito para obter esta tese, concentrando-se nos factores-chave.

Conclusão

Esta tese centra-se principalmente na automatização e torna todos os processos automáticos. O processo que seguimos era anteriormente efectuado manualmente. Criámos um sistema que pode produzir biodiesel com o sistema automático baseado em microcontroladores. Esperamos que este combustível ajude a fazer funcionar um motor a gasóleo de forma muito suave, tal como o gasóleo normal.

Tentamos variar as propriedades importantes do gasóleo. O nosso objetivo só será bem sucedido quando este óleo for utilizável e procurável, bem como reduzir a pressão sobre a energia não renovável.

CAPÍTULO 2
REVISÃO DA LITERATURA

2.0 INTRODUÇÃO

O campo do biodiesel é vasto e os investigadores estão a explorar muitas formas de extrair combustível de óleos vegetais. A procura de biodiesel está a tornar-se cada vez mais elevada, uma vez que o mundo está lentamente a esgotar os combustíveis fósseis. Como o Bangladesh depende fortemente da importação de combustíveis estrangeiros, a produção de biodiesel caseiro pode ser uma solução possível para a nossa solvência económica. Para o efeito, podem ser instaladas unidades de biodiesel em pequena e grande escala para produzir combustível a partir das nossas culturas, legumes e matérias-primas cultivadas em casa.

2.1 POTENCIALIDADE DE VÁRIAS MATÉRIAS-PRIMAS DE BIODIESEL EM BANGLADESH

Quadro 2.1:Potencialidades das matérias-primas

Species	Kinematic viscosity of oil (centistokes, at 40°C)	Kinematic viscosity of biodiesel (centistokes, at 40°C)
Rapeseed	35.1	4,3-5,83
Soybean	32.9	4.08
Sunflower	32.6	4.9
Palm	39.6	4.42
Peanut	22.72	4.42
Corn	34.9	3.39
Canola	38.2	3.53
Cotton	18.2	4.07
Pumpkin	35.6	4.41

2.1.1PALMOIL

A palma, uma planta tropical oleaginosa, tem a maior produtividade de óleo por unidade de terra do planeta. Em termos de utilização, o óleo de palma tem várias utilizações: alimentar (óleos, margarinas, pão, maionese, rações, gelados, bolachas, etc.), industrial (sabão, lubrificantes, detergentes, plásticos, cosméticos, borracha, etc.), siderurgia, indústria têxtil, farmacologia, etc.

Entre outras culturas para a produção de combustível, o óleo de palma demonstra uma boa competitividade. O gasóleo misturado com óleo de palma surgiu como um combustível alternativo para um motor de combustão interna que satisfaz determinados critérios, tais como exigir um mínimo de modificações no motor, oferecer uma vida útil do motor sem compromissos e não ser perigoso para a saúde humana e o ambiente durante a produção, o transporte, o armazenamento e a utilização. A utilização direta de óleo de palma bruto demonstrou ser viável no motor Elsbett. No entanto, observa-se um problema de entupimento do filtro por impurezas, que pode ser eliminado utilizando óleo de palma líquido processado (PLPO) diretamente ou em misturas com gasóleo de petróleo para ultrapassar este problema.

Tabela 2.2: Rendimentos de diferentes combustíveis

Source	Fuel	Yield (kg oil/hectare)
Sugar cane	Alcohol	3,015
Manioc	Alcohol	2,160
Babassu palm	Oil	240
Oil palm	Oil	5,000
Castor plant	Oil	1,600

Como mostra a Tabela, o dendê aparece, juntamente com a cana-de-açúcar, como a cultura de maior rendimento como fonte de combustível, sendo a cana-de-açúcar destinada à produção de álcool e o dendê à produção de óleo. Dependendo da matéria-prima utilizada para a produção, o éster metílico pode conter menos ou mais ácidos gordos insaturados na sua composição, que são mais susceptíveis a uma reação de oxidação acelerada devido à exposição ao oxigénio e a temperaturas elevadas, condições relevantes para o funcionamento do motor. A decomposição térmica pode também dar origem a compostos poliméricos que são igualmente prejudiciais para o funcionamento do motor. [17]

2.1.2 ÓLEO DE MOSTARDA

No Bangladesh, o óleo de mostarda é utilizado como óleo comestível em todo o país. As plantas de mostarda crescem em grande escala em todo o país e a produção de sementes de mostarda excede a procura todos os anos. O objetivo deste projeto é utilizar o óleo de mostarda excedentário como alternativa ao gasóleo. Vários estudos indicam que o óleo de mostarda pode ser uma fonte potencial de biodiesel. O óleo de mostarda contém quantidades elevadas de ácido úrico que podem prejudicar a saúde humana. Por esta razão, muitos países consideram o óleo de mostarda impróprio para consumo humano. Embora o óleo de mostarda não seja considerado uma matéria-prima comum para o biodiesel, pode tornar-se famoso num futuro próximo, uma vez que é mais barato do que outras sementes oleaginosas comuns utilizadas para o biodiesel. Hasib et al estudaram o potencial de produção de biodiesel a partir de óleo de mostarda utilizando o processo de transesterificação e referiram que as propriedades do biodiesel de óleo de mostarda cumprem as normas ASTM e são comparáveis às de outros biodieseis. Verificaram que o valor calórico e a viscosidade (a 40ºC) do biodiesel de mostarda são 39,51 MJ/kg e 10,1 m2/s, respetivamente. Os investigadores também mencionaram que o custo de produção da mistura de biodiesel de óleo de mostarda B20 é de 76 TK/L, o que é ligeiramente superior ao do gasóleo convencional.

2.1.3 ÓLEO DE SOJA

Todos os anos, o Bangladesh produz cerca de 0,16 milhões de toneladas de óleo comestível, enquanto a procura é de 0,5 milhões de toneladas. A soja é uma cultura de alta qualidade. É

contém uma elevada quantidade de proteínas (as suas sementes contêm aproximadamente 40% de proteínas) por unidade de superfície. Embora o cultivo da soja no Bangladesh seja bastante limitado, existe uma ampla margem para aumentar o seu cultivo através da utilização de uma gestão integrada dos nutrientes. Cerca de 7 a 8 Lakh ha de terras em zonas de charneca poderiam ser cultivados com soja, se houvesse apoio governamental, e poderiam ser produzidas 17 a 18 Lakh toneladas métricas de soja e satisfeita cerca de 40% da procura de óleo de soja [94]. O teor de óleo da soja é de cerca de 20%, enquanto todas as outras leguminosas contêm apenas cerca de 1% a 2% de óleo. A soja é considerada uma cultura menor em termos de área e produção no Bangladesh, concentrada apenas em alguns locais distintos. A produção total do país é de 4000 t de soja numa área cultivada total de 5000 ha. Abdullah et al. estudaram o potencial do biodiesel a partir do óleo de soja utilizando o processo de transesterificação. Verificaram que o biodiesel de soja tem um valor calórico de 41,57 MJ/kg e uma viscosidade de 2,068 m2/s a 40ºC, que é muito semelhante à do gasóleo convencional. O custo de produção de biodiesel a partir de óleo de soja é de 296,8 Tk por litro. Este óleo ou qualquer das suas misturas pode ser utilizado como alternativa em caso de crise. Roy et al. referiram que o biodiesel de óleo de soja B20 tem uma eficiência térmica semelhante à do gasóleo.

2.1.4 ÓLEO DE SEMENTES DE ALGODÃO

O óleo de semente de algodão é um óleo vegetal extraído das sementes da planta do algodão, depois de retirado o cotão. Contém elevados níveis de gordura saturada e resíduos de pesticidas, pelo que não é considerado saudável para consumo humano. São consideradas três alternativas para aumentar a produção de sementes de algodão em

Bangladesh: aumentar a quantidade total de terra utilizada para cultivar algodão, aumentar o rácio semente/caule para obter um maior rendimento de sementes (massa por unidade de área), e/ou aumentar a proporção de terra de algodão que é irrigada. O óleo de semente de algodão não é um óleo comestível, pelo que o conflito entre alimentos e combustível não se colocará se for utilizado para a produção de biodiesel. No entanto, o presente documento sugere as condições óptimas para a produção de biodiesel. Pode ser produzido um máximo de 77% de biodiesel com 20% de metanol. Wakil et al estudaram o potencial do biodiesel a partir de óleo de semente de algodão utilizando o processo de transesterificação. Verificaram que o biodiesel de sementes de algodão tem um valor calórico de 38,51 MJ/kg e uma viscosidade de 7,2 m2/s a 40ºC, que é muito semelhante à do gasóleo convencional. O custo de produção de biodiesel a partir de óleo de semente de algodão é de Tk. 210 por litro. Este óleo ou qualquer das suas misturas pode ser utilizado como alternativa em caso de crise.

2.1.5 ÓLEO DE COCO

O coco é uma das culturas de frutos secos mais importantes do Bangladesh, cujo óleo é um óleo comestível extraído da amêndoa ou da carne de cocos maduros colhidos da palmeira de coco. No Bangladesh, foram produzidas 907255 toneladas métricas de coco a partir de 12825ac de terra em 2004-2005, sendo a maior parte cultivada no sul do país, como na ilha de St. Husain et al. produziram biodiesel de coco utilizando o processo de transesterificação e compararam as propriedades de diferentes misturas de biodiesel com o gasóleo que cumpria as normas ASTM. O seu custo de produção de biodiesel de coco foi de 124 TK/L, o que é bastante elevado para uma pequena produção, mas o custo será drasticamente reduzido se for produzido em grande escala. Além disso, este biodiesel de coco tem uma propriedade de lubrificação muito melhor, e o seu ponto de inflamação é semelhante ao do gasóleo.

2.1.6 MICRO ALGAE

As algas crescem abundantemente porque o clima do Bangladesh é perfeito para a produção. O Bangladesh tem muitas lagoas e canais que são adequados para o crescimento de algas. Com estas grandes quantidades de algas, podemos facilmente produzir biodiesel que pode ser utilizado em centrais eléctricas em vez de gasóleo para gerar eletricidade. As microalgas parecem ser boas fontes de biodiesel renovável que poderão satisfazer a procura global de combustíveis para transportes. O cultivo de microalgas necessita de menos terras em comparação com o das plantas terrestres. Podem conter até 70% do seu peso como óleo lipídico, e o rendimento de óleo por hectare é extremamente elevado em comparação com outras fontes de óleo. O teor de óleo das microalgas varia consoante a espécie, mas a maior parte delas contém óleo lipídico suficiente para produzir biodiesel. O espaço é outro requisito para a produção de algas, que está largamente disponível no Bangladesh. Atualmente, 0,73 milhões de hectares de terra não são adequados para qualquer produção agrícola, mas podem ser instantaneamente utilizados para a produção de algas. As terras salinas também podem ser utilizadas para a produção de algas. Kais et al. estudaram o potencial do biodiesel a partir de óleo de microalgas utilizando o processo de transesterificação e verificaram que o biodiesel de microalgas tem um valor calórico de 35 MJ/kg e uma viscosidade de 5 m2/s a 40ºC, o que é bastante semelhante ao gasóleo. Assim, o biodiesel de óleo de microalgas pode ser utilizado em vez de gasóleo. É necessário efetuar uma investigação aprofundada para baixar o preço para um nível tão baixo como o do gasóleo. O custo de produção de biodiesel a partir de óleo de microalgas é de 136 Tk por litro. Com um crescimento favorável das algas, um custo de produção mais barato do que outros biodieseis e uma natureza mais ecológica, o biodiesel de microalgas pode ser uma grande fonte de energia renovável no Bangladesh.

2.1.7 SEMENTE DE BORRACHA

A produção de borracha é um sector rentável no Bangladesh. As plantações de borracha produzem de 100 a 150 kg/ha de sementes de borracha. As sementes de borracha contêm aproximadamente 49% de óleo. O óleo de semente de borracha (RSO) é um óleo de tipo semi-seco que não contém ácidos gordos invulgares, mas é uma fonte rica em ácidos gordos polinsaturados, C18:2 e C18:3, que constituem 52% da sua composição total de ácidos gordos. No Bangladesh, já foram atribuídas grandes áreas de terra para a plantação de borracha e mais de 92 000 ac de plantação de borracha estão sob a alçada da Bangladesh Forest Industries Corporation (BFIDC) e de organizações não governamentais. O Bangladesh já produz mais de 2000 t de sementes por ano, a cerca de 150 kg/ac. atualmente; não tem qualquer utilização económica, sendo antes considerada um desperdício, e pode produzir mais de 500 t (25%) de RSO anualmente. Existe um total de dezasseis explorações governamentais de borracha em três zonas diferentes do Bangladesh, ou seja, sete na zona de Chittagong, quatro na zona de Sylhet e cinco na zona de Madhupur, em Tangail (distrito). A produtividade anual de óleo de semente de borracha por hectare é de 217 kg de óleo/ha. Tendo em conta estes dados, a produção anual prevista de óleo de semente de borracha no Bangladesh é de 0,02 milhões de toneladas. Morshed et al. estudaram o potencial do RSO como fonte de biodiesel no Bangladesh e também compararam as propriedades físico-químicas com o gasóleo utilizando o processo de transesterificação que cumpre as normas ASTM. Verificaram que o valor calórico era de 32,6MJ/kg, a gravidade específica a 30ºC era de 0,85 e o valor de acidez era de 0,12 mg KOH/g. Uma plantação de borracha pode ser estabelecida nas terras não utilizadas, que representam cerca de 0,32 milhões de hectares. O RSO fornece um valor adicional como matéria-prima potencial de energia para o valor original do látex das plantas de borracha.

2.1.8 ÓLEO DE SÉSAMO

O sésamo é outra cultura oleaginosa importante, que constitui a segunda maior fonte de sementes oleaginosas comestíveis no Bangladesh. As plantas podem atingir uma altura de cerca de um metro, geralmente com ramos laterais. É cultivado em quase todos os distritos do Bangladesh, mas cresce bem nos distritos de Khulna, Faridpur, Pabna, Shirajganj, Rajshahi, Rangpur, Jessore, Barisal, Comilla, Sylhet e Mymensingh, uma vez que estes locais têm condições climáticas adequadas para o seu cultivo. No Bangladesh, 96 000 ha de terra são cultivados para a produção de sésamo e são produzidas 25 000 toneladas métricas. O sésamo contém 42% a 50% de óleo, 25% de proteínas e 16% a 18% de hidratos de carbono. Abdullah et al. mostraram que 82,64% dos biodieseis foram produzidos experimentalmente a partir de óleo de sésamo. O valor calorífico dos biodieseis produzidos foi de 41,57 MJ/kg em comparação com 44,5 MJ/kg de gasóleo. O custo de produção de biodiesel a partir de óleo de sésamo é de Tk. 370 por litro, o que é bastante elevado para uma pequena produção. As variedades habitualmente cultivadas no país são as de sementes pretas e brancas. Atualmente, o gergelim é cultivado tanto na época da kharif como no outono, mas dois terços do gergelim são produzidos na época da kharif. As terras altas com franco-arenosas são as mais adequadas para o cultivo do sésamo.

2.1.9 ÓLEO DE MOSNA

Entre muitos óleos comestíveis, o Mosna é um dos que é cultivado principalmente na parte sul do Bangladesh, como Barisal, Comilla e Chittagong, e é utilizado principalmente para cozinhar. O cultivo começa em Kartik e amadurece em Poush (mês do calendário bengali). Atualmente, a utilização do óleo de mosna é substituída pelo óleo de soja e pelo óleo de muster devido às suas propriedades semelhantes e à sua disponibilidade em todo o país. No entanto, a mosna requer terras menos férteis e o seu cultivo é mais barato do que os outros tipos de óleo vegetal. Por conseguinte, é necessário encontrar uma utilização adequada para este óleo, de modo a que o cultivo possa ser aumentado, para proporcionar benefícios financeiros aos agricultores. Wakil et al. estudaram a produção experimental de biodiesel a partir do óleo de Mosna e relataram que a densidade obtida foi de 0,875 g/cm3, que é semelhante à do gasóleo (0,84 g/cm3). O seu ponto de ebulição é de 198 1C, bastante inferior ao do gasóleo (248 1C); o seu valor calórico é de 52,12 MJ/kg (o do gasóleo é de 44,5 MJ/kg), o que cumpre a norma ASTM e é 7 MJ/kg superior ao do gasóleo. No entanto, a taxa de produção é muito baixa. O custo de produção de biodiesel a partir de óleo de Mosna é de Tk. 285 por litro.

2.1.10 JANTROPHA

A J. curcas é uma planta renovável, não comestível, que cresce nas regiões áridas e semi-áridas do país em solos degradados com baixa fertilidade e humidade. A Jatropha pode ser cultivada na parte sul do Bangladesh, onde existem grandes áreas não utilizadas. As sementes de pinhão-manso contêm 30% a 40% de óleo e o resultado da transesterificação mostra que aproximadamente 96% da produção de biodiesel é obtida com 20 vol%. As propriedades do biodiesel de pinhão-manso são muito próximas ou mesmo melhores do que as do gasóleo convencional. Ao plantar jatropha, o Bangladesh pode poupar uma grande quantidade de produtos petrolíferos importados de países estrangeiros. As propriedades do óleo de pinhão-manso são as mais interessantes no domínio dos combustíveis biodiesel. Nabi et al. demonstraram experimentalmente que, para a mesma potência, o consumo específico e a eficiência do óleo de J. curcas são superiores aos do gasóleo. Os testes efectuados também mostraram que, em comparação com o gasóleo, a densidade (0,87 g/cm3), a viscosidade cinemática (4,5 cSt a 30ºC) e o valor de aquecimento (39,5 MJ/kg) são muito semelhantes, pelo que o biodiesel de Jatropha tem um potencial significativo para utilização como combustível alternativo em motores de ignição por compressão (diesel). Azad observou que 75,5% da produção de biodiesel foi obtida com 20% de metanol. A plantação de pinhão-manso pode ser estabelecida com um espaçamento de 2 m2 m numa cova cheia de terra, e o solo pode ser misturado com adubo orgânico. São necessárias cerca de 2500 plantas por hectare com o espaçamento acima referido. No Bangladesh, 0,32 milhões de hectares são terras não utilizadas. A plantação de jatropha pode ser estabelecida numa área tão grande. A produção esperada de óleo de pinhão-manso nessas terras é a seguinte

Plantas necessárias por ha: 2500Sementes esperadas de cada planta: 2.5 kg.

O óleo de pinhão-manso esperado é assim de aproximadamente 2,00 t por ha por ano (considerando 38% de conversão de sementes em óleo de pinhão-manso). O biodiesel de óleo de pinhão-manso é de 1,92 t por ha por ano (considerando 96% de conversão de óleo de pinhão-manso em biodiesel). Em 0,32 milhões de hectares de terra, a quantidade de produção de biodiesel será, portanto, de 0,62 milhões de toneladas por ano. Se a plantação de jatropha for bem sucedida no Bangladesh, o país poupa uma grande quantidade de divisas, que são necessárias para importar gasóleo. O país pode reduzir em 25% a importação de gasóleo de países estrangeiros.

2.1.11 KARANJA:

A Karanja é uma árvore de tamanho médio que é uma das poucas árvores fixadoras de azoto que produz sementes com um teor de óleo significativo. As sementes de Karanja são pesadas, contêm maiores reservas de alimentos, e cerca de 800 a 1200 sementes pesam 1 kg. As sementes contêm 31% de óleo, e um máximo de 97% de biodiesel é produzido a partir deste óleo pelo processo de transesterificação. Nabi et al. estudaram as propriedades do combustível do biodiesel de óleo de karanja, que é próximo do gasóleo. Testaram as propriedades do combustível em diferentes misturas em que a densidade e a viscosidade são mais elevadas para o B100, mas dentro da norma ASTM. O ponto de inflamação e o índice de cetano do biodiesel de karanja são superiores aos do gasóleo, o que é útil para um transporte seguro. Mencionaram que o gasóleo importado de países estrangeiros diminuirá 28% se a karanja for cultivada nas terras não utilizadas do Bangladesh. O estudo permitiu-nos confirmar que o óleo de karanja pode ser utilizado como matéria-prima para obter biodiesel que pode ser utilizado como combustível alternativo para motores a gasóleo.

2.1.12 CASTOR

A rícino cresce em quase todo o Bangladesh, mesmo em solos de cascalho, arenosos e salinos. A planta cresce de forma selvagem nas florestas e nos campos e é considerada selvagem ou indesejável. A população local desconhece o tempo de vida da planta, as suas utilizações e os seus valores económicos. A planta pode viver muitos anos e produzir grandes quantidades de sementes todos os anos, a partir das quais o biodiesel pode ser facilmente produzido. Esta produção irá satisfazer a crescente procura de combustível no país, o que atualmente não é possível a partir de quaisquer outras fontes de energia renováveis. As sementes contêm aproximadamente 37% a 50% de óleo, que é combustível sem ser refinado. O óleo arde com uma chama clara e sem fumo e foi testado com êxito como combustível em motores a gasóleo. O óleo também ajuda a criar emprego para homens e mulheres das zonas rurais e promove a sua independência financeira no Bangladesh. Nabietal. mencionou o potencial do biodiesel de óleo de rícino, uma vez que o éster de rícino tem algumas propriedades importantes como combustível que podem ser utilizadas como alternativa ao gasóleo. A chave para o futuro do biodiesel é encontrar uma matéria-prima barata que os agricultores do Bangladesh possam cultivar em terrenos agrícolas não utilizados, e a rícino é uma cultura alternativa importante e promissora que pode reduzir a nossa futura dependência das importações de combustíveis fósseis. A rícino poderia ser introduzida, uma vez que os solos do Bangladesh e as suas condições climáticas são adequados para o cultivo comercial.

Além disso, as plantas de segunda geração não conduzirão a uma escassez de alimentos, uma vez que não são comestíveis nem para o homem nem para o gado e serão cultivadas em terras que não são adequadas para a agricultura tradicional. Atualmente, a mamona é cultivada no Bangladesh em escala comercial para as sementes e os óleos, que são óleos vegetais menos dispendiosos e podem ser utilizados como matéria-prima na produção de biodiesel.

2.1.13 NEEM

O óleo de nim é um óleo vegetal não comestível, que cresce abundantemente em várias partes do Bangladeche, uma vez que as condições climáticas e do solo são adequadas para a produção, especialmente nas zonas rurais, e é extraído dos frutos e sementes da árvore de nim, que não é utilizada para fins culinários. As sementes têm 45% de óleo, a partir do qual se pode produzir um máximo de 94% de biodiesel por processo de transesterificação, podendo constituir uma fonte de elevado potencial para a produção de biodiesel. O óleo de nim é geralmente castanho claro a castanho escuro, amargo e tem um odor bastante forte que se diz combinar os odores do amendoim e do alho. No Bangladesh, o neem pode desempenhar um papel vital na produção de biodiesel como alternativa ao gasóleo. Hassan et al. estudaram o biodiesel a partir do óleo de nim como combustível alternativo para o motor diesel utilizando o processo de transesterificação. Investigaram as propriedades do combustível a diferentes temperaturas e verificaram que a densidade (0,61 g/cm3), a viscosidade cinemática (5,96 c St a 35ºC), o valor calórico (38,15 MJ/kg) estão dentro das propriedades padrão do biodiesel. Também recomendaram que o óleo de Neem pode ser um substituto potencial para reduzir o peso das importações de petróleo bruto. Nabi et al.

testaram as propriedades do combustível das misturas diesel-biodiesel NOME e compararam-nas com o combustível diesel puro, utilizando o processo de transesterificação. Verificaram que as propriedades do combustível, incluindo a viscosidade (8,8 c St a 25 1C), a densidade (0,82 g/cm3 a 25 1C) e o número de cetano, são superiores às do gasóleo, mas o valor de aquecimento (40,1 MJ/kg) é inferior. A ausência de enxofre no éster deste óleo torna-o um combustível alternativo amigo do ambiente para o motor a gasóleo, pelo que não haverá conflito entre alimentos e combustível.

2.1.14 ÓLEO DE SEMENTES DE LINHO

O óleo de linhaça pode desempenhar um papel importante na produção de gasóleo alternativo no Bangladesh, uma vez que as condições climáticas e o solo do nosso país são convenientes para a produção de sementes de linhaça. Os agricultores tropicais de subsistência ganhariam dinheiro com esta cultura. Nabi e Najmul Hoque investigaram as propriedades de combustível do óleo de linhaça e do éster metílico do óleo de linhaça, que são geralmente semelhantes às do gasóleo derivado do petróleo. O valor de aquecimento do biodiesel de linhaça é inferior, ao passo que a viscosidade e a densidade são ligeiramente superiores às do gasóleo derivado do petróleo. Estudaram também a avaliação do desempenho e das emissões utilizando o processo de transesterificação, tendo sido encontrado um máximo de 88% de produção de biodiesel. Também relataram que a eficiência térmica do biodiesel é quase semelhante à do gasóleo convencional. A eficiência do biodiesel (B10 e B20) é 1% e 2% inferior à do gasóleo devido à sua baixa volatilidade, maior viscosidade e densidade. As emissões de CO diminuíram com o combustível misturado com diesel e biodiesel, enquanto as emissões de óxidos de azoto (NOx) aumentaram com o combustível misturado com diesel e biodiesel em comparação com o combustível diesel convencional. O biodiesel (B10 e B20) reduz as emissões de CO em 9% e 23% em relação ao gasóleo. No entanto, o nível de NOx é 6% e 13% mais elevado do que o gasóleo. Os terrenos baldios e outras terras altas, incluindo a enorme área de Chittagong hill tracts, terras baixas, lagos, um lado do condutor podem ser facilmente considerados para o cultivo de rícino. O óleo de sementes de plantas pode ser diretamente utilizado em motores, especialmente em máquinas agrícolas nas aldeias, sem qualquer medicação da estrutura do óleo. A cultura da linhaça será mais rentável e a produtividade da terra pode ser aumentada em muito em comparação com outras culturas cultivadas no Bangladesh.

2.2 COMO FONTE SEGURA DE COMBUSTÍVEL

Um relatório do CSIRO, publicado a 27 de novembro, confirma que a utilização de biodiesel puro ou a mistura de biodiesel com combustível normal pode reduzir as emissões de gases com efeito de estufa do sector dos transportes.

O biodiesel pode ser fabricado a partir de qualquer produto que contenha ácidos gordos, como o óleo vegetal ou as gorduras animais.

O relatório "The greenhouse and air quality emission of biodiesel blends in Australia" avalia os níveis de emissão e os impactos ambientais do biodiesel produzido a partir de fontes que incluem óleo alimentar usado, sebo (gordura animal fundida), óleo de palma importado e canola.

O investigador da CSIRO Energy Transformed National Research Flagship e autor do relatório, Dr. Tom Beer, acredita que a introdução mais alargada de biodiesel na Austrália poderia ajudar a resolver a elevada intensidade de gases com efeito de estufa do sector dos transportes do nosso país.

"Os resultados deste estudo mostram que o biodiesel tem potencial para reduzir as emissões do sector dos transportes, que é o terceiro maior produtor de gases com efeito de estufa na Austrália, atrás da produção de energia estacionária e da agricultura", afirmou o Dr. Beer.

"As poupanças de gases com efeito de estufa dependem, no entanto, da matéria-prima utilizada para produzir o biodiesel. As maiores poupanças são obtidas com a substituição do gasóleo de base por biodiesel de óleo alimentar usado, o que resulta numa redução de 87% das emissões."

"Os resultados deste estudo mostram que o biodiesel tem potencial para reduzir as emissões do sector dos transportes, que é o terceiro maior produtor de gases com efeito de estufa na Austrália, atrás da produção de energia estacionária e da agricultura", afirmou o Dr. Beer.

"O óleo de palma pode permitir uma poupança de até 80% nas emissões, desde que seja proveniente de plantações anteriores a 1990. A origem do óleo de palma é fundamental, uma vez que o produto proveniente de plantações estabelecidas em pântanos de turfa recentemente secos ou em florestas tropicais desmatadas terá, de facto, emissões de gases com efeito de estufa mais elevadas do que o gasóleo normal, devido a factores como o desmatamento."

A utilização de biodiesel também reduz as partículas libertadas para a atmosfera em resultado da queima de combustíveis, proporcionando potenciais benefícios para a saúde humana.

Os biocombustíveis podem desempenhar um papel importante na redução das emissões de gases com efeito de estufa, especialmente em aplicações como o transporte rodoviário de longo curso e, possivelmente, o transporte aéreo.

Os biocombustíveis oferecem várias vantagens em relação aos combustíveis fósseis. A maioria é menos tóxica. As culturas utilizadas para os produzir podem ser cultivadas rapidamente, pelo que, ao contrário do carvão, do petróleo e do gás, que demoram milhões de anos a formar-se, são considerados renováveis. Também podem ser cultivados em praticamente qualquer lugar, reduzindo a necessidade de infra-estruturas como oleodutos e gasodutos

e petroleiros e, em muitas zonas, os conflitos em torno da escassez e da agitação. [7]

Os principais biocombustíveis são o etanol e o biodiesel. A biomassa, como a madeira, também pode ser queimada diretamente como combustível, embora isso normalmente produza mais emissões de gases com efeito de estufa para produzir a mesma quantidade de energia que a queima de combustíveis fósseis. As emissões de gases com efeito de estufa dos biocombustíveis são compensadas em grande medida porque as plantas absorvem e armazenam dióxido de carbono enquanto crescem e, por vezes, nas raízes deixadas no solo, pelo que as emissões de CO2 são aproximadamente iguais ou inferiores ao que as culturas armazenam.

2.3 O BIODIESEL COMO ENERGIA RENOVÁVEL

Os biocombustíveis são renováveis e sustentáveis. Isto significa que os agricultores podem dedicar terras ao cultivo de culturas energéticas - plantas que um dia serão utilizadas para produzir combustível. As culturas potenciais incluem o milho, a soja, a colza e a erva-moura. Algumas destas plantas, como a erva-moura, podem crescer em condições inadequadas para outras culturas.

Os biocombustíveis têm uma combustão mais limpa do que os combustíveis fósseis. Não produzem enxofre ou compostos aromáticos, pelo que não há cheiro desagradável associado à queima de biocombustíveis. Continuam a libertar gases com efeito de estufa, como o dióxido de carbono, mas fazem-no a níveis reduzidos. De acordo com um relatório do Laboratório Nacional de Energias Renováveis (NREL), o biodiesel produz 78,5% menos emissões de dióxido de carbono do que o gasóleo de petróleo. Além disso, os biocombustíveis actuam como sumidouros de carbono enquanto crescem - capturam carbono. Se tivermos em conta as emissões reduzidas e o fator de captura de carbono, os biocombustíveis são os melhores.

Outra vantagem dos biocombustíveis é a redução do perigo de um desastre ambiental. Em 2010, um poço de petróleo submarino rebentou no Golfo do México. Libertou milhões de litros de petróleo, causando uma quantidade desconhecida de danos no processo. Os biocombustíveis são mais seguros - um campo de milho não vai envenenar o oceano.

Isso exigiria uma mudança fundamental na agricultura. O consumo de energia é o mais elevado de sempre. Para satisfazer a procura, teríamos de dedicar mais terras à produção de culturas energéticas do que as que temos disponíveis. Na melhor das hipóteses, só podemos complementar a nossa atual necessidade de energia utilizando biocombustíveis. [8]

2.4 Conselhos para a utilização do biodiesel

A Associação de Fabricantes de Motores aprova a utilização da mistura B5 de biodiesel Os fabricantes devem ser consultados se forem utilizadas misturas mais elevadas. Ver abaixo exemplos de utilização bem sucedida de misturas mais elevadas de biodiesel. O biodiesel puro (B100) foi aprovado como combustível alternativo nos EUA e, no Canadá, o governo aprova qualquer biodiesel que cumpra as normas da American Society for Testing and Materials (ASTM).

2.5 Utilização atual e experiência com o biodiesel

O biodiesel tem sido utilizado nos Estados Unidos e na Europa há vários anos, mas só recentemente está a ganhar popularidade no Canadá. Em 2004, foram utilizados cerca de 3,5 milhões de litros de biodiesel no Canadá. O governo federal estabeleceu um objetivo de 500 milhões de litros até 2010. Muitas empresas nos EUA estão atualmente a produzir quantidades comerciais de biodiesel e, em 2004, foram produzidos cerca de 25 milhões de galões (94,6 milhões de litros) de biodiesel.

2.6 Vantagens do bio-diesel

Os EUA são os pioneiros na utilização de combustíveis biológicos. A sua experiência pode ser útil para que outros se inspirem nela.

- O biodiesel é o único combustível alternativo nos EUA a concluir os testes de efeitos sobre a saúde de nível I da EPA, ao abrigo da secção 211(b) do Clean Air Act, que fornecem o inventário mais completo dos atributos dos efeitos sobre o ambiente e a saúde humana que a tecnologia atual permite.
- O biodiesel é o único combustível alternativo que funciona em qualquer motor diesel convencional e não modificado. Pode ser armazenado em qualquer local onde se armazene gasóleo de petróleo.
- O biodiesel pode ser utilizado sozinho ou misturado em qualquer proporção com o gasóleo de petróleo. A mistura mais comum é uma mistura de 20% de bio-diesel com 80% de gasóleo de petróleo, ou "B20".
- O ciclo de vida de produção e utilização do bio-diesel produz aproximadamente menos 80% de emissões de dióxido de carbono e quase 100% menos dióxido de enxofre. A combustão do bio-diesel por si só proporciona uma redução de mais de 90% no total de hidrocarbonetos não queimados e uma redução de 75-90% nos hidrocarbonetos aromáticos. O biodiesel proporciona ainda reduções significativas de partículas e monóxido de carbono em relação ao gasóleo de petróleo. O biodiesel proporciona um ligeiro aumento ou diminuição dos óxidos de azoto, dependendo da família do motor e dos procedimentos de ensaio. Com base nos testes de Ames

Mutagen City, o biodiesel proporciona uma redução de 90% dos riscos de cancro.

- O bio-diesel tem 11% de oxigénio em peso e não contém enxofre. A utilização de bio-diesel pode prolongar a vida útil dos motores a diesel porque é mais lubrificante do que o gasóleo de petróleo, enquanto o consumo de combustível, a auto-ignição, a potência e o binário do motor não são relativamente afectados pelo bio-diesel.
- O biodiesel é seguro de manusear e transportar porque é tão biodegradável como o açúcar, 10 vezes menos tóxico do que o sal de mesa e tem um ponto de inflamação elevado de cerca de 125°C em comparação com o gasóleo de petróleo, que tem um ponto de inflamação de 55°C.
- O biodiesel pode ser fabricado a partir de sementes oleaginosas renováveis produzidas internamente, como a soja, a canola, o algodão e a mostarda.
- O biodiesel é um combustível comprovado com mais de 30 milhões de quilómetros percorridos com sucesso nas estradas dos EUA e mais de 20 anos de utilização na Europa.
- Quando queimado num motor a gasóleo, o bio-diesel substitui o odor dos gases de escape do gasóleo de petróleo pelo cheiro agradável das pipocas ou das batatas fritas.
- O Gabinete de Orçamento do Congresso, o Departamento de Defesa, o Departamento de Agricultura dos EUA e outros determinaram que o biodiesel é a opção de combustível alternativo de baixo custo para as frotas cumprirem os requisitos da Lei da Política Energética[13].

2.7 Os 15 principais usos inesperados do biodiesel

I. Produção de hidrogénio para veículos a pilhas de combustível

Esta foi a grande notícia do mês: Os investigadores da Innova Tek desenvolveram micro-reactores do tamanho de uma mão que podem transformar biodiesel (ou qualquer outro combustível líquido) num fluxo de hidrogénio para utilização numa célula de combustível adjacente. A Chevron já investiu 500.000 dólares para desenvolver estações de reabastecimento de hidrogénio para carros movidos a células de combustível. A Innova Tek espera vir a instalar os micro-reactores em veículos, o que permitiria que os carros se abastecessem de biodiesel, mas fossem alimentados por uma unidade de tração eléctrica muito mais eficiente e de combustão ainda mais limpa.

II. Limpeza de derrames de petróleo

O biodiesel é conhecido por ser benigno para o ambiente, mas quem diria que poderia ajudar a limpar derrames de petróleo? O biodiesel foi testado como potencial agente de limpeza de linhas costeiras contaminadas com crude, tendo-se verificado que aumenta a recuperação de crude de colunas de areia artificial (ou seja, a praia). Foi também utilizado em bio-solventes comerciais que demonstraram ser activos na coagulação do petróleo bruto e permitir a sua remoção da superfície da água. Em 1997, o produto cystol foi licenciado pelo Departamento de Pesca e Caça da Califórnia como agente de limpeza da linha costeira.

III. Produção de eletricidade

Para além da produção de hidrogénio para combustível de veículos, as células de combustível têm aplicações de produção de energia que podem utilizar biodiesel. As forças armadas já investiram 1,8 milhões de dólares na produção de energia móvel utilizando esta tecnologia, que poderá estar disponível para aplicações civis num futuro próximo.

O biodiesel já é utilizado na produção convencional de eletricidade. Em 2001, a UC Riverside instalou um sistema de gerador de reserva de 6 megawatts alimentado a 100% biodiesel. O projeto foi um sucesso e o fumo de funcionamento típico dos geradores a gasóleo foi praticamente inexistente. O biodiesel pode ser utilizado em sistemas de reserva onde a redução substancial das emissões é realmente importante: hospitais, escolas e outras instalações normalmente localizadas em áreas residenciais. Também pode ser usado para complementar a energia solar em casas fora da rede (para instruções, ver *Kemp 2006*).

A utilização de petróleo pelas empresas de eletricidade em 2006 ascendeu a 115 370 000 barris de petróleo, uma quantidade que poderia ser completamente substituída pela produção de biodiesel nos EUA.

IV. Aquecimento doméstico

O bio-calor tem crescido em popularidade nos últimos anos, e o biodiesel pode ser utilizado como óleo de aquecimento doméstico em caldeiras domésticas e comerciais (o óleo de aquecimento número 2 é virtualmente idêntico ao gasóleo). Embora uma mistura de 20% de biodiesel (B20) possa ser utilizada sem modificações, misturas mais elevadas podem afetar os vedantes e as juntas de borracha em equipamentos mais antigos. As misturas elevadas de biodiesel também limpam os tubos de combustível, o que pode melhorar a eficiência do aquecimento, mas pode inicialmente causar o entupimento do filtro de combustível.

Uma mistura de 20% de biodiesel reduzirá as emissões de dióxido de enxofre (SO2 - chuva ácida) e de óxidos de azoto (NOx - poluentes que contribuem para o ozono troposférico) em 20% em toda a gama de configurações do ar.

Pode haver uma empresa na sua área especializada em bio-calor. Veja, por exemplo, a Portland Green Heat.

V. Acampar: Cozinha e iluminação

É possível utilizar biodiesel em vez de querosene nalgumas lanternas e fogões sem pavio. Por exemplo, as lanternas multicombustível BriteLyt Petromax funcionam muito bem com biodiesel (queimam praticamente tudo). A BriteLyt também fabrica fogões multi-combustível. Mas, com 1,5 kg, não é algo que se queira levar na mochila.

Por exemplo, o MSR WhisperLite Internationale e o Primus Multifuel foram concebidos para funcionar com uma série de combustíveis, incluindo gasolina, gasóleo e querosene. Há alguns indícios de que podem utilizar biodiesel, mas seria melhor perguntar ao fabricante, a MSR obteve da Cascade Designs (um distribuidor):

Muitos fabricantes de automóveis dizem o mesmo sobre a utilização de B100 nos seus automóveis e camiões a diesel. Suspeita-se que os fogões acima mencionados possam ter sido entupidos pelos proprietários que tentaram utilizar óleo vegetal simples (ideia brilhante).

VI. Limpeza de ferramentas e gorduras

O B100 é um solvente tão bom que pode limpar peças sujas ou gordurosas de motores ou outras máquinas. Encha um balde com B100 (100% biodiesel), deite a ferramenta ou peça que precisa de ser limpa e veja o que acontece (nota: é melhor tentar isto com ferramentas menos caras primeiro). Além disso, o biodiesel é um ótimo desengordurante/lubrificante de correntes de bicicleta. Se a corrente começar a chiar, basta adicionar um pouco de B100 e ver a diferença que faz.

O biodiesel pode também ser utilizado como solvente industrial para a limpeza de metais, o que é vantajoso devido à sua ausência de toxicidade ou de impacto ambiental.

VII. Adição de lubricidade ao gasóleo

Em 2006, todos os combustíveis diesel foram obrigados a reduzir a sua concentração de enxofre de 500 ppm para 15 ppm. Uma vez que o enxofre fornece a maior parte da lubrificação do combustível, é necessário um substituto para manter os motores a gasóleo a funcionar corretamente e evitar o desgaste prematuro da bomba de injeção (ou seja, *avaria*). O biodiesel tem naturalmente menos de 15 ppm de concentração de enxofre e a adição de apenas 1 a 2% de biodiesel pode restaurar a lubricidade do combustível diesel.

VIII. Remoção de tintas e adesivos

O biodiesel pode substituir os produtos extremamente tóxicos concebidos para a remoção de tintas. É provavelmente melhor utilizado em aplicações de menor escala e não críticas (ou seja, não na pintura personalizada do seu carro).

O biodiesel também pode ser utilizado para remover resíduos de cola, como os deixados pela fita adesiva.

IX. Agente de limpeza de asfalto

X. Limpador de mãos

XI. Adjuvantes de culturas

XII. Removedor de tinta de serigrafia

XIII. Removedor de cera para automóveis

XIV. Prevenção da corrosão

XV. Lubrificante para trabalhar metais [5]

2.8 Potenciais desvantagens do Bio Diesel

O biodiesel pode ser corrosivo para a borracha e os materiais de revestimento, não podendo ser armazenado em reservatórios revestidos de betão. Nalguns casos, os orifícios de entrada de combustível podem ter de ser reduzidos para criar uma pressão mais elevada no cilindro. Estes e muitos outros aspectos podem ser minimizados através de um envolvimento ativo na investigação.

2.9 DESVANTAGENS DO BIODIESEL

- Necessidade de ser cultivado em condições de temperatura controlada.
- Problemas de fluxo a frio com biocombustível de algas.
- Alguns investigadores utilizam a "engenharia genética" para desenvolver estirpes de algas óptimas.
- Custo de capital inicial relativamente elevado.
- Ainda não é claro qual será o custo final por galão. Atualmente, é demasiado elevado.

2.10 AQUECIMENTO GLOBAL E BIODIESEL

Num artigo da Reader's Digest, o autor Robert James Bidinotto, explica o efeito de estufa com estas palavras: "Quando a luz solar aquece a Terra, certos gases na baixa atmosfera, actuando como o vidro de uma estufa, retêm parte do calor que é irradiado para o espaço. Estes gases com efeito de estufa, principalmente o vapor de água e incluindo o dióxido de carbono, o metano e os clorofluorocarbonetos produzidos pelo homem, aquecem o nosso planeta, tornando a vida possível. Se fossem mais abundantes, os gases com efeito de estufa poderiam reter demasiado calor".
Prevê-se que a queima de combustíveis fósseis e a destruição das florestas aumentem a temperatura da atmosfera terrestre até 5 graus centígrados até 2100. Este aumento criará uma maior pressão sobre o ambiente já sobrecarregado da Ásia e alterará o modo de vida das pessoas.

"O aquecimento global é real, como o demonstram agora as condições meteorológicas anormais (chuvas fortes, tufões ferozes e secas), as temperaturas mais elevadas (calor), o degelo que provoca a subida do nível do mar e muitas outras", comentou o Dr. William Dar, diretor-geral filipino do Instituto Internacional de Investigação Agrícola para os Trópicos Semi-Áridos, sediado na Índia.

Em 2007, o Painel Intergovernamental das Nações Unidas sobre as Alterações Climáticas (IPCC), galardoado com o Prémio Nobel da Paz, estimou que o nível do mar poderia subir entre 18 e 59 centímetros no próximo século.

As Filipinas ocupam o quarto lugar no Índice Global de Risco Climático e 15 das 16 regiões das Filipinas são vulneráveis à subida do nível do mar. De acordo com a antiga Secretária do Ambiente, Elisea Gozun, a metade ocidental da região metropolitana de Manila seria engolida pelo mar se o nível da água subisse três metros.

A Administração dos Serviços Atmosféricos, Geofísicos e Astronómicos das Filipinas estima que uma subida de um metro na Baía de Manila "levará à inundação de 5 000 hectares e à deslocação de 2 milhões de pessoas", disse Gozun.

Se o aquecimento global não for travado, a seca será grave em Mindanau Ocidental, enquanto a precipitação aumentará em Luzon Central. "Tomem nota: Luzon Central é a nossa fonte de alimentação e a precipitação vai aumentar", afirmou Gozun.

Katherine Richardson, cientista climática da Universidade de Copenhaga, lamentou: "Temos de agir e temos de agir agora. Temos de perceber o risco que estão a correr em nome dos seus próprios eleitores, das sociedades mundiais e, mais importante ainda, das gerações futuras".

De acordo com Flavin, uma possível solução para o atual problema do aquecimento global é os países desenvolverem fontes de energia que substituam os combustíveis fósseis de que os seres humanos tanto dependem.

"Temos de diminuir a utilização de combustíveis fósseis para ajudar a mitigar as consequências do aquecimento global", disse Matanog M. Mapandi, secretário de assistência do Departamento de Energia, aos participantes num seminário para profissionais dos meios de comunicação social realizado no Centro Regional do Sudeste Asiático para Estudos de Pós-Graduação e Investigação em Agricultura (SEARCA) em Los Banos, Laguna.

Atualmente, mais de 55% do abastecimento de energia nas Filipinas provém da energia geotérmica, da energia hidroelétrica, da biomassa, do gás natural, do carvão local, do petróleo local e do gasóleo de coco. Trinta e quatro por cento provêm de outros países, enquanto os restantes 10% provêm de carvão importado.

Com a adição diária de mais filipinos à atual população de 87 milhões de habitantes, é muito provável que a utilização de combustíveis fósseis aumente. "A menos que sejam descobertos e desenvolvidos novos campos de petróleo, o abastecimento de crude será crítico nos próximos 40 anos, para além de se tornar proibitivamente caro", alertou o Dr. Renato Labadan, uma das mentes científicas mais proeminentes do país.

Segundo o Programa das Nações Unidas para o Ambiente, sediado em Nairobi, os transportes são responsáveis por mais de 20% das emissões globais de gases com efeito de estufa. Em 2005, estimava-se que havia 650 milhões de veículos em circulação, prevendo-se que esse número duplicasse até 2030.

As preocupações com o aquecimento global têm centrado a atenção na possibilidade de substituir os combustíveis fósseis por biocombustíveis. Definidos como combustíveis sólidos, líquidos ou gasosos, são derivados de material biológico morto há relativamente pouco tempo e distinguem-se dos combustíveis fósseis, que são derivados de material biológico morto há muito tempo. Estes biocombustíveis são "adicionados ou misturados aos combustíveis petrolíferos para aumentar ou alterar as propriedades químicas ou físicas e melhorar o desempenho ou a utilização dos combustíveis".

Um relatório publicado pelo World Watch Institute, com sede em Washington, afirma que os biocombustíveis podem reduzir significativamente a dependência global do petróleo. "Embora o petróleo ainda represente mais de 96% da utilização de combustíveis para transportes, a produção de biocombustíveis duplicou desde 2001 e está preparada para um crescimento ainda mais forte, à medida que a indústria responde ao aumento dos preços dos combustíveis e às políticas governamentais de apoio", afirmou.

Os peritos afirmam que os biocombustíveis têm o potencial de reduzir as emissões de gases com efeito de estufa em mais de 100% (em relação aos combustíveis derivados do petróleo) porque as culturas energéticas também podem sequestrar carbono no solo à medida que crescem.

A cana-de-açúcar é a cultura mais importante para a produção de biocombustíveis atualmente; fornece mais de 40% de todo o etanol combustível. O milho vem logo a seguir e é a principal fonte de biocombustíveis nos Estados Unidos.

O Dr. Rodel D. Lasco, coordenador filipino do Centro Mundial Agroflorestal e membro do IPCC, disse que o potencial de mitigação do bioetanol está entre 500 e 1.200 megatoneladas de dióxido de carbono. No caso do biodiesel, os potenciais de mitigação situam-se entre 100 e 300 megatoneladas de dióxido de carbono.

Nos Estados Unidos, foi efectuado um estudo sobre os impactos dos biocombustíveis e dos mercados de combustíveis. Analisando o impacto do etanol de milho, o estudo concluiu que os biocombustíveis reduziram o preço médio do combustível entre um e três por cento e aumentaram o preço do milho entre 5 e 20 por cento. "Isto permitiu poupar até 4 mil milhões de dólares em custos de combustível, aumentar a fatura alimentar até 20 mil milhões de dólares e aumentar o rendimento das explorações agrícolas até 18 mil milhões de dólares", salientou o estudo.

Nas Filipinas, o Ministério da Agricultura afirmou que a redução do consumo de combustível em resultado da promulgação da Lei dos Biocombustíveis de 2006 permitiria poupar ao país 17,3 mil milhões de pesetas por ano em reservas de petróleo importadas. O objetivo é "desenvolver e utilizar fontes de energia limpas, renováveis e de origem sustentável, para reduzir a dependência do petróleo importado".

A Lei da República 9367 exige a utilização de um mínimo de 1% de mistura de biodiesel no prazo de três meses após a aprovação da lei e um mínimo de 2% de mistura no prazo de dois anos (maio de 2009). No caso do bioetanol, deve ser atingida uma mistura de pelo menos 5% até maio de 2009 e de 10% até maio de 2011.

As Filipinas são o primeiro país a utilizar o coco como fonte de biodiesel. Estudos demonstraram que, por cada litro de éster metílico de coco (CME) consumido, é possível reduzir três quilogramas de dióxido de carbono. Além disso, sendo um biodiesel saturado, a emissão de óxidos de azoto (outro gás com efeito de estufa) é substancialmente reduzida.

Uma história de sucesso na produção de biocombustíveis vem do Brasil. Embora o país já desenvolvesse investigação sobre a utilização da cana-de-açúcar para a produção de combustível desde a década de 1930, foi apenas na década de 1970 - quando a crise do petróleo árabe fez disparar os preços da gasolina - que o governo brasileiro iniciou um investimento em grande escala na investigação do etanol.

O resultado tem sido dramático. O programa de etanol do país não só contribuiu significativamente para a sua segurança energética, como também se tornou uma importante fonte de rendimento, com o Brasil a fornecer atualmente cerca de 30 por cento do fornecimento total de biocombustíveis a nível mundial.

Atualmente, muitas vozes proeminentes nos Estados Unidos, incluindo o Presidente Barack Obama, têm manifestado o seu apoio à produção em larga escala de biocombustíveis como uma estratégia central para resolver os problemas do abastecimento de energia e do aquecimento global.

"É possível - se o mundo levar realmente a sério a questão das alterações climáticas, se as pessoas continuarem a preocupar-se com a segurança energética e tendo em conta os avanços tecnológicos que parecem agora plausíveis - que os biocombustíveis possam vir a representar uma parte significativa do cabaz de combustíveis para transportes no futuro", afirmou Phillip New, Presidente da BP Bio fuels.

Flavin, que é o presidente do World Watch Institute, concorda: "Numa altura em que os preços do gás são voláteis e a preocupação com o aquecimento global é cada vez maior, tornou-se claro que os biocombustíveis podem desempenhar um papel importante na redução da dependência do petróleo e na contenção das alterações climáticas." [14]

2.11 BIODIESEL NO BANGLADESH 2021

O biodiesel é apenas um dos vários biocombustíveis que alimentam cada vez mais carros e camiões nos EUA. Mesa, Arizona, por exemplo, mudou a sua frota de 1.000 veículos municipais, como carros de bombeiros e varredores de rua, para biodiesel e outros combustíveis verdes, como o etanol e o gás natural comprimido.

Alguns biocombustíveis são menos caros por galão do que a gasolina - reduzindo o custo médio da gasolina em 20 a 35 cêntimos por galão, de acordo com o Departamento de Energia dos EUA. Uma família americana média pode economizar até US$ 300 por ano usando etanol, de acordo com o site do DOE.

No entanto, o biodiesel nem sempre é mais barato do que a gasolina, embora seja produzido a partir de recursos renováveis, como o óleo vegetal ou o óleo alimentar usado.

O comerciante de biodiesel da zona de Atlanta, Rob Del Bueno, diz que - se pensarmos bem - é espantoso como algo tão simples como um galão de combustível pode mover um veículo pesado de várias toneladas pela estrada.

"Pensamos que o combustível é caro, mas para o que se obtém, o preço que se paga na bomba é tão insignificante para o que realmente se passa."

Mas o engenheiro químico do Departamento de Energia, John Scahill, avisa que o preço do petróleo - atualmente em cerca de 125 dólares por barril - se tornará "proibitivamente caro

durante a nossa vida".
Cerca de 333 mil milhões de dólares saíram dos Estados Unidos em 2007 devido à compra de petróleo, de acordo com Scahill, ilustrando o elevado custo da importação de energia estrangeira. O biocombustível é produzido e vendido nos Estados Unidos - o que mantém o dinheiro dessas transacções a circular na economia americana.

Cerca de 140 mil milhões de galões de gasolina por ano são utilizados nos transportes nos Estados Unidos", disse Scahill, "e podemos poupar cerca de um terço desse valor se maximizarmos a nossa utilização de biocombustíveis"[13].

O Bangladesh é um dos países mais densamente povoados do mundo. As nossas populações rurais e urbanas pobres colhem tradicionalmente lenha, vegetação, excrementos de animais e resíduos agrícolas para cozinhar. No entanto, estas práticas revelaram-se contraproducentes, uma vez que contribuíram para uma desflorestação indesejável. As nossas florestas cobrem apenas 9 a 10% da superfície terrestre total, que deveria ser de, pelo menos, 20% para garantir o equilíbrio ecológico. A desflorestação contínua está a causar uma grave degradação ambiental. O elevado custo dos produtos petrolíferos, a fraca cobertura da rede eléctrica, a gaseificação e a crescente escassez de madeiras tradicionais para combustível devido à desflorestação criaram uma situação de défice energético nas zonas rurais do Bangladesh. Os peritos ambientais previram uma desflorestação maciça se a crise não for resolvida através de fontes alternativas.
O Bangladesh não pode continuar a comprar produtos petrolíferos a um preço tão elevado e a comercializá-los ao atual preço subsidiado no mercado interno durante mais tempo. Se o preço for devidamente ajustado ao preço mundial, ultrapassará a capacidade da maior parte do grupo de classe média com rendimentos limitados, para não falar da classe média baixa e da secção mais pobre. A cobertura do gás e da eletricidade não pode expandir-se de forma apreciável, uma vez que ambos se encontram atualmente em crise e necessitam de uma injeção de capitais avultados. O ambiente prevalecente não incentiva o investimento maciço do sector privado. Por conseguinte, o desenvolvimento sustentável a longo prazo no sector da energia exige uma mudança gradual para fontes de energia renováveis. Num país como o Bangladesh, a tecnologia do biogás é uma opção mais económica para satisfazer a procura de energia. O Departamento de Engenharia da Administração Local (LGED), com o seu contributo contínuo para as tecnologias sustentáveis, colmata o fosso entre a procura de energia e o aproveitamento da

bioenergia de forma renovável. A produção de biogás a partir da eliminação de resíduos da criação de animais, resíduos agrícolas, dejectos humanos, resíduos de aves de capoeira de um agregado familiar médio e a transformação das pessoas numa tecnologia mais renovável e amiga do ambiente. O gás gerado pela central de biogás pode satisfazer as necessidades de combustível para cozinhar sem causar qualquer problema ambiental.

2.12 Combustível, alimentos e produtos químicos a partir da biomassa

Cientistas do Imperial College de Londres, da Georgia Tech e do Oak Ridge National Laboratory juntaram-se para criar uma instalação que pode produzir combustível, alimentos e produtos químicos a partir de bio massa. Esta instalação permitirá produzir uma série de combustíveis, alimentos, produtos químicos, rações para animais, materiais, calor e eletricidade. Utilizará biomassa, uma coleção de matéria vegetal renovável e material biológico, como árvores, gramíneas e culturas agrícolas.

A Dr.ª Charlotte Williams, do Imperial College, opinou: "Estamos a olhar para uma biomassa em que utilizamos toda a planta e produzimos uma série de materiais diferentes a partir dela". Os seus colegas de equipa escreveram: "Antes de congelarmos no escuro, temos de nos preparar para fazer a transição de recursos de carbono não renováveis para recursos biológicos renováveis".

O Professor Steven Koolin, cientista-chefe da BP em Londres, escreveu: "Estudos credíveis mostram que, com desenvolvimentos tecnológicos plausíveis, os biocombustíveis poderiam suprir cerca de 30% da procura global de uma forma ambientalmente responsável, sem afetar a produção alimentar

O Bangladesh deve tentar aprender com as lições do mundo desenvolvido no que respeita à produção de biocombustível e, em especial, de biodiesel. O Bangladesh pode tentar adquirir tecnologia que permita produzir alimentos, combustíveis e produtos químicos a partir da biomassa. Precisamos de combustível para o crescimento económico, mas precisamos de alimentos para viver. Não podemos deixar que as nossas terras agrícolas sejam espremidas para produzir culturas destinadas à produção de biocombustíveis. Temos de encontrar um equilíbrio[13].

2.13 IMPACTOS AMBIENTAIS DO BIODISEL

Estudos realizados pela Agência de Proteção Ambiental dos EUA (NREL/TP 2001) afirmam que uma mistura de 20% é "basicamente um compromisso entre custo, emissões, clima, compatibilidade de materiais e questões de solvência". Os investigadores consideram que a mistura de 20% é a melhor mistura para utilização geral sem grandes problemas. As misturas mais elevadas causam frequentemente problemas com as emissões de óxido de azoto [19].

2.14 PRODUÇÃO DE BIODIESEL NO MUNDO

Com o aumento dos preços do petróleo, os investigadores começaram a procurar outras fontes. Em agosto de 1982, realizou-se a primeira Conferência Internacional sobre Óleos Vegetais e Vegetais em Fargo, N.D. Esta conferência tratou de assuntos que iam desde os custos dos combustíveis e os efeitos dos óleos vegetais até aos aditivos para combustíveis e métodos de extração.

Em 1990, o Clean Air Act foi alterado e incluiu restrições mais rigorosas às emissões dos veículos. A alteração introduziu disposições relativas a aspectos como o aumento do teor de oxigénio na gasolina e a redução do teor de enxofre nos combustíveis diesel.

Em 1992, a EPA aprovou a Lei da Política Energética ou EPACT. O seu objetivo era aumentar a quantidade de combustível alternativo utilizado pelas frotas de transportes do governo dos EUA, a fim de reduzir a dependência do petróleo estrangeiro. A alteração do EPACT de 1998 incluiu a utilização de biodiesel nos veículos a gasóleo do Estado como uma alternativa aceitável à aquisição de veículos movidos a combustíveis alternativos, tal como estipulado no EPACT.

Países de todo o mundo estão a utilizar vários tipos de biocombustíveis. Durante décadas, o Brasil transformou a cana-de-açúcar em etanol, e alguns carros no país podem funcionar com etanol puro e não como aditivo aos combustíveis fósseis. E o biodiesel de óleo de palma é utilizado na Europa.

Alguns dos factos interessantes sobre o biodiesel que o tornaram aceite pelas pessoas são

- O teor energético do biodiesel é igual a 90% do gasóleo de petróleo.
- O conteúdo energético do etanol é igual a 50% da gasolina.
- O teor energético do butanol é de 80% do da gasolina.
- A maioria dos biocombustíveis tem, pelo menos, a mesma densidade energética que

o carvão, mas produz menos CO_2 quando queimado.

- Os biocombustíveis têm uma combustão mais limpa do que os combustíveis fósseis, o que resulta em menos emissões de gases com efeito de estufa, emissões de partículas e substâncias que causam chuva ácida, como o enxofre.
- O biodiesel tem menos hidrocarbonetos aromáticos policíclicos, que têm sido associados ao cancro.

Para o futuro, muitos pensam que a melhor forma de produzir biocombustíveis será a partir de gramíneas e plantas de arvore, que contêm mais celulose. A celulose é o material resistente que constitui as paredes celulares das plantas, e a maior parte do peso das plantas é celulose. Se a celulose puder ser transformada em biocombustível, poderá ser mais eficiente do que os actuais biocombustíveis e emitir menos CO_2.

Algumas das tendências actuais em matéria de biocombustíveis são

- A maior parte da gasolina e do gasóleo na América do Norte e na Europa é misturada com biocombustíveis.

- O biodiesel representa cerca de 3% do mercado alemão e 0,15% do mercado americano.

- Cerca de 1 bilião de biodiesel é produzido anualmente.

- O bioetanol é mais popular na América, enquanto o biodiesel é mais popular na Europa.

- Os Estados Unidos e o Brasil produzem cerca de 87% do etanol combustível do mundo.

- O biodiesel é adicionado ao gasóleo à base de petróleo para reduzir as emissões e melhorar a vida útil do motor.

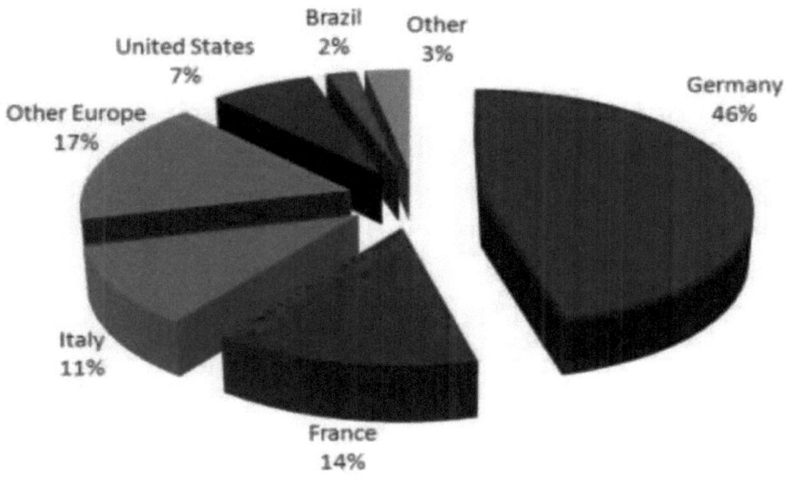

Fig2.1: Produção mundial de Biodiesel

2.15 Instalação automatizada de biodiesel

O Bangladesh produz uma enorme quantidade de cereais e de resíduos agrícolas. Devido à falta de tecnologias economicamente viáveis para a sua utilização, a maioria dos resíduos agrícolas é queimada nos campos e os agricultores e as mulheres das aldeias utilizam-nos para cozinhar, o que polui o ambiente. Mas podem ser as maiores fontes em termos de fontes comerciais e não comerciais em países em desenvolvimento como o Bangladesh, se pudermos tomar medidas científicas adequadas. A produção de biocombustível, bioenergia e produtos químicos de base biológica através da biomassa lignocelulósica foi reconhecida mundialmente como uma ciência de refinaria de petróleo. Recentemente, esta ciência foi também destacada devido aos elevados preços do petróleo e às alterações climáticas globais provocadas pelo consumo excessivo de produtos derivados do petróleo, nomeadamente as emissões dos veículos.

O projeto de tese visava a construção de uma fábrica de biodiesel barata e automatizada que ajudaria a produzir biodiesel em massa sem observação manual. Esta é a primeira tentativa alguma vez realizada no Bangladesh para produzir biodiesel num sistema de produção automatizado. A fábrica tem cerca de um metro e meio de altura, é completamente portátil e cabe em qualquer canto. É alimentada por 220V AC e pode ser usada tanto em casa como na indústria para produzir biodiesel. A unidade tem diferentes compartimentos para a entrada de diferentes matérias-primas. Depois de todas as entradas serem dadas, só é necessário ligar a máquina. O tempo e a temperatura de reação são predefinidos, mas podem ser alterados em função das necessidades. Atualmente, a unidade em miniatura tem capacidade para produzir 3 litros de biodiesel em 24 horas, o que inclui o tempo de espera após a reação de transesterificação e o tempo de lavagem com água durante 4 horas. O produto final completo pode ser extraído após 24 horas e o subproduto glicerina também é extraído separadamente. Esta pode ser utilizada novamente para produzir metanol para mais produção de biodiesel. A fábrica tem uma geometria de construção simples e pode ser construída localmente, o que é bastante acessível em termos orçamentais. No Bangladesh, o biodiesel era convencionalmente produzido em laboratório para fins de investigação, mas esta fábrica pode ser utilizada para produzir biodiesel tanto para fins de investigação como para fins comerciais de forma conveniente. Os objectivos específicos do projeto são:

- **Trabalho manual mínimo:**
  - Com apenas um empregado, quanto maior for a automatização, melhor. Reduz o incómodo de manter o processo em constante vigilância e também reduz o erro humano envolvido

- **Minimizar os custos:**
  - Com um orçamento apertado, o custo foi sempre a principal preocupação. Embora houvesse necessidade de adquirir ferramentas essenciais, a simplicidade e as medidas de prevenção de custos continuaram a ser uma preocupação constante.
- **Flexibilidade:**
  - O sistema de tubagem simples foi concebido para dar flexibilidade ao sistema.

- **Limitação do equipamento:**
  - As válvulas solenóides e os cilindros de acrílico devem ser manuseados com cuidado.

CAPÍTULO 3
PREPARAÇÃO do BIODIESEL

3.0 INTRODUÇÃO

As misturas de biodiesel e gasóleo convencional à base de hidrocarbonetos são os produtos mais frequentemente distribuídos para utilização no mercado retalhista de gasóleo. Grande parte do mundo utiliza um sistema conhecido como o fator "B" para indicar a quantidade de biodiesel em qualquer mistura de combustível[1].

Como por exemplo -

Tabela 3.1: Tipos de Biodiesel

Biodiesel	Petro Diesel	Type
10% Biodiesel	90% Petro Diesel	B10
20% Biodiesel	80% Petro Diesel	B20
30% Biodiesel	70% Petro Diesel	B30
50% Biodiesel	50% Petro Diesel	B50
85% Biodiesel	15% Petro Diesel	B85

Tabela 3.2: Quantidade de Biodiesel preparado-

Blend name	Fuel quantity	Biodiesel quantity	Diesel quantity
B10	1000	100	900
B20	1000	200	800
B30	1000	300	700
B50	1000	500	500

3.1 PREPARAÇÃO DA MISTURA

O biodiesel é um combustível de transporte muito versátil e pode ser produzido a partir de matérias-primas locais ou da recolha de óleos vegetais ou de fritura usados nas regiões rurais dos países em desenvolvimento. Existem três vias básicas para a produção de biodiesel a partir de óleos e gorduras.

- Transesterificação do óleo catalisada por bases

- Transesterificação direta do óleo catalisada por ácido

Conversão do óleo nos seus ácidos gordos e depois em biodiesel

Neste caso, foi utilizado o processo de transesterificação:

A reação de transesterificação é uma fase de conversão de óleo ou gordura em ésteres metílicos ou etílicos de ácidos gordos, que constituem o biodiesel. O biodiesel (éster metílico) é obtido através da reação de triglicéridos de óleos vegetais com um intermediário ativo, formado pela reação de um álcool com um catalisador. A reação geral para a obtenção de biodiesel por transesterificação é

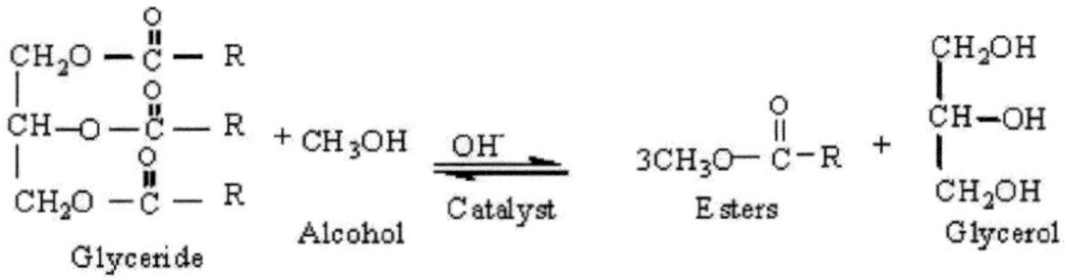

$$\underset{\text{Glyceride}}{\begin{array}{l} CH_2O-\overset{\overset{O}{\|}}{C}-R \\ | \\ CH-O-\overset{\overset{O}{\|}}{C}-R \\ | \\ CH_2O-\overset{\overset{O}{\|}}{C}-R \end{array}} + \underset{\text{Alcohol}}{CH_3OH} \underset{\text{Catalyst}}{\overset{OH^-}{\rightleftharpoons}} \underset{\text{Esters}}{3CH_3O-\overset{\overset{O}{\|}}{C}-R} + \underset{\text{Glycerol}}{\begin{array}{l} CH_2OH \\ | \\ CH-OH \\ | \\ CH_2OH \end{array}}$$

Fig3.1: Processo de transesterificação

As reações de transesterificação podem empregar vários tipos de álcoois, preferencialmente, os de baixo peso molecular, sendo os mais estudados os álcoois mentolados e etílicos. Estudos têm demonstrado que a transesterificação com metanol é mais viável tecnicamente do que com etanol. O etanol pode ser utilizado desde que seja anidro (com teor de água inferior a 2%), uma vez que a água actua como inibidor da reação. Outra vantagem do uso do metanol é a separação da glicerina (obtida como subproduto da reação) do meio reacional, já que, no caso da síntese do éster metilado, essa separação pode ser facilmente obtida através de uma simples decantação [10]. A Figura 1 ilustra o procedimento mais simples de fabrico de biodiesel por transesterificação com óleo vegetal. [16]

3.2 Mecanismo

O mecanismo do processo de transesterificação é uma série de reacções reversíveis consecutivas, em que um triglicérido é convertido gradualmente em diglicérido, monoglicérido e, finalmente, em glicerol. Em cada uma das etapas é libertado um mol de éster. Trata-se de reacções reversíveis, embora o equilíbrio tenda para os produtos, ou seja, o glicerol e os ésteres gordos livres. Em função do tipo de catalisador escolhido, o mecanismo da reação varia. No caso da reação catalisada por álcali, o mecanismo foi formulado em três etapas, na primeira das quais o anião do álcool atacará o átomo de carbono carbonílico do triglicérido e será formado um intermediário tetraédrico. A segunda etapa implica que esse intermediário reaja com um álcool para regenerar o anião do álcool. Finalmente, na terceira etapa, ocorre um rearranjo do intermediário tetraédrico, resultando na formação de um éster de ácido gordo e de um diglicérido.

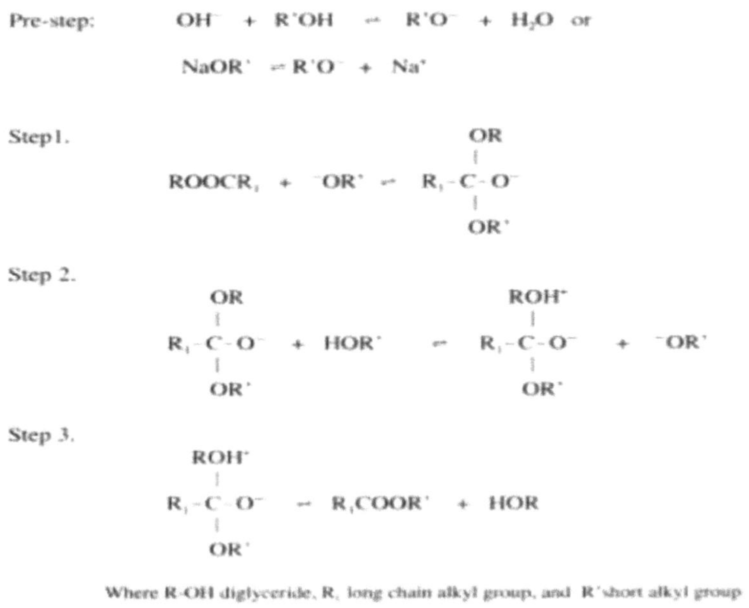

Pre-step:

$$OH^- + R'OH \rightleftharpoons R'O^- + H_2O \quad \text{or}$$

$$NaOR' \rightleftharpoons R'O^- + Na^+$$

Step1.

$$ROOCR_1 + {}^-OR' \rightleftharpoons R_1-\underset{OR'}{\overset{OR}{C}}-O^-$$

Step 2.

$$R_1-\underset{OR'}{\overset{OR}{C}}-O^- + HOR' \rightleftharpoons R_1-\underset{OR'}{\overset{ROH^+}{C}}-O^- + {}^-OR'$$

Step 3.

$$R_1-\underset{OR'}{\overset{ROH^+}{C}}-O^- \rightleftharpoons R_1COOR' + HOR$$

Where R-OH diglyceride, R_1 long chain alkyl group, and R' short alkyl group

Fig3.2: Formação de ácidos gordos

O catalisador não é o álcali em si, mas o produto criado pela mistura do álcali com o álcool, que é um grupo alcóxido. Quando esta reação tem lugar, é gerada uma pequena quantidade de água, o que pode causar problemas devido à formação de sabão durante a transesterificação. Por outro lado, se o catalisador utilizado for um ácido, o mecanismo será definido por ele, portanto, será um mecanismo ácido e o gatilho será um hidrónio.

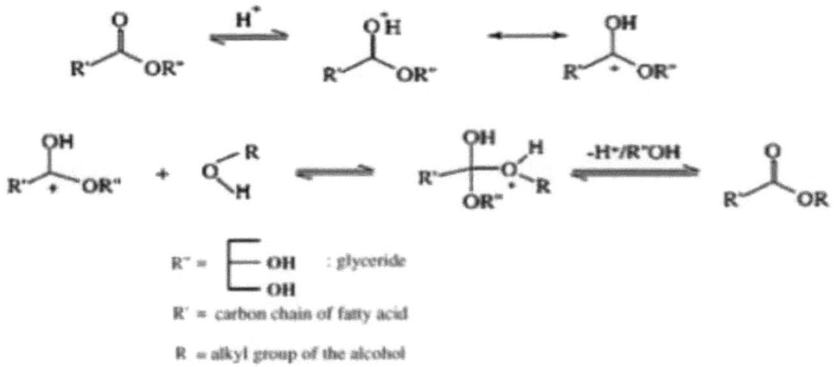

Fig3.3: Formação de glicéridos

Neste caso, o primeiro passo é o ataque do hidrão do ácido ao átomo de carbono da carbonila, formando o intermediário tetraédrico. Na segunda etapa, o álcool reagirá com o intermediário, devido à sua carga negativa. A última etapa é a etapa de rearranjo, com a libertação do hidrão do catalisador e a formação do diglicerol e do éster.

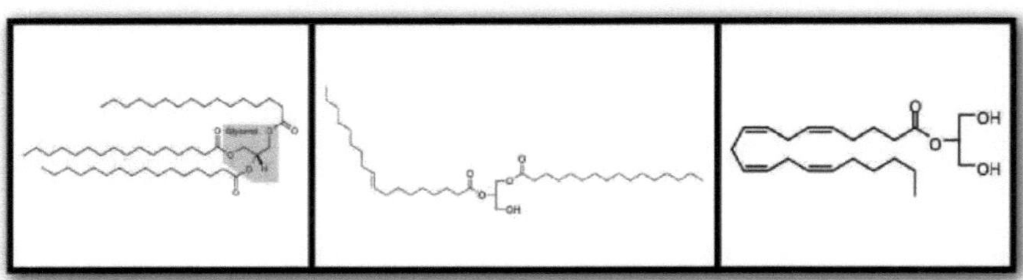

Fig3.4: Um típico triacilglicerol, diacilglicerol e

monoacilglicerol (da esquerda para a direita)

Este processo pode ser simplesmente demonstrado da seguinte forma:

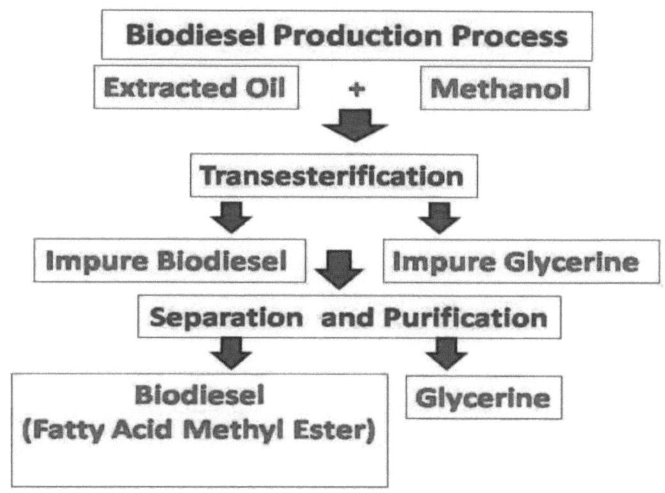

Fig3.5: Processo de produção de biodiesel

3.3 MÉTODO DE LAVAGEM

A lavagem do biodiesel com água é o método mais antigo e mais comum de limpeza do biodiesel. Cerca de 3% do biodiesel bruto não lavado é metanol. O metanol é um solvente; captura o sabão e outras impurezas e mantém-nas dissolvidas no biodiesel. A água absorve esse metanol, libertando as impurezas para serem lavadas com água.

O facto de manter o metanol líquido e diluído em água faz com que a lavagem com água seja a forma mais segura de limpar o biodiesel. A lavagem com água é a forma mais flexível de purificar o biodiesel. Nas condições corretas, pode ser lavado em apenas algumas horas com métodos de lavagem extremamente agressivos. A lavagem com água pode ser automatizada e pode ser misturada e combinada com diferentes métodos de lavagem para se adaptar às necessidades pessoais.

Lavagem estática

A lavagem estática ou por gravidade é a menos agressiva e menos suscetível de gerar uma emulsão. Trata-se simplesmente de colocar água e biodiesel no mesmo tanque sem qualquer mistura. As impurezas migram do biodiesel para a água através da camada limite ao longo do tempo. Este processo demora entre 4 horas e 24 horas para saturar a água com contaminantes. A maioria dos cervejeiros caseiros deixará a lavagem estática continuar durante a noite antes de drenar e iniciar uma técnica diferente. É particularmente eficaz como primeira lavagem para biodiesel de óleos com elevado teor de FFA. A lavagem por gravidade é melhor utilizada em água com muito sabão. Os investigadores utilizaram aqui o método de lavagem estática.

Finalmente, o gasóleo é misturado com a mistura de acordo com a percentagem aqui indicada. [12]

3.4 PROPRIEDADES

As propriedades dos óleos vegetais como combustível alternativo podem ser convenientemente agrupadas em propriedades físicas, químicas e térmicas (Z Haq 1995):

a. As propriedades físicas incluem a viscosidade, a densidade, o ponto de turvação, o ponto de inflamação, o intervalo de ebulição e o ponto de congelação.

b. As propriedades químicas incluem a estrutura química, o valor de especificação, os teores de cinzas e de enxofre, a oxidação e a resistência à oxidação.

c. As propriedades térmicas são a temperatura de destilação, o ponto de degradação térmica, o resíduo de carbono, o valor do conteúdo térmico específico, etc.

O biodiesel produzido a partir de óleo de mostarda e de óleo de palma tem propriedades de combustível comparáveis às do gasóleo fóssil convencional. Neste trabalho foi efectuado um estudo comparativo das propriedades do combustível para o gasóleo fóssil, o biodiesel puro e as suas misturas, a fim de descobrir a mistura adequada de biodiesel. No nosso estudo, preparámos misturas de B20, B30, B40, B50 e B100 com diferentes rpm para comparar as propriedades do combustível para diferentes misturas. [15]

As propriedades que foram obtidas através desta investigação são apresentadas a seguir:

Tabela 3.3: Diferentes propriedades do biodiesel (para óleo de palma)

Name	0 rpm	45 rpm	60 rpm	90 rpm
Viscosity(cst)	4.18	4.29	4.54	3.91
Flash point(K)	330	329	332	331
Density(kg/m^3)	856.27	881	907.23	909
Cal. Value(MJ/kg)	42.09	41.8	41.12	40.9

Tabela 3.4: Diferentes propriedades do Biodiesel (para óleo de mostarda)

Name	0 rpm	45 rpm	60 rpm	90 rpm
Viscosity(cst)	5.6	4.12	4.43	3.72
Flash point(K)	326.15	330	320	328
Density(kg/m^3)	881	851	846.075	839
Cal. Value(Mj/kg)	42.1	42.3	42.5	42.5

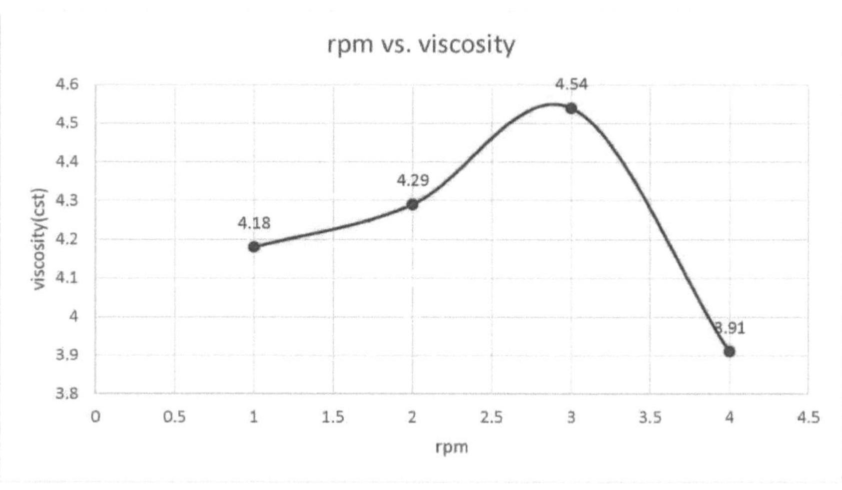

Gráfico 3.1: rpm vs. viscosidade para o óleo de palma

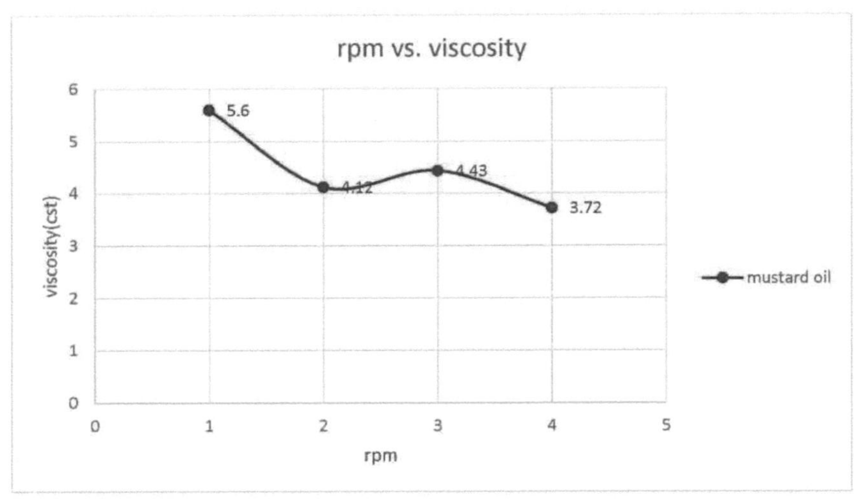

Gráfico 3.2: rpm vs. viscosidade para o óleo de mostarda

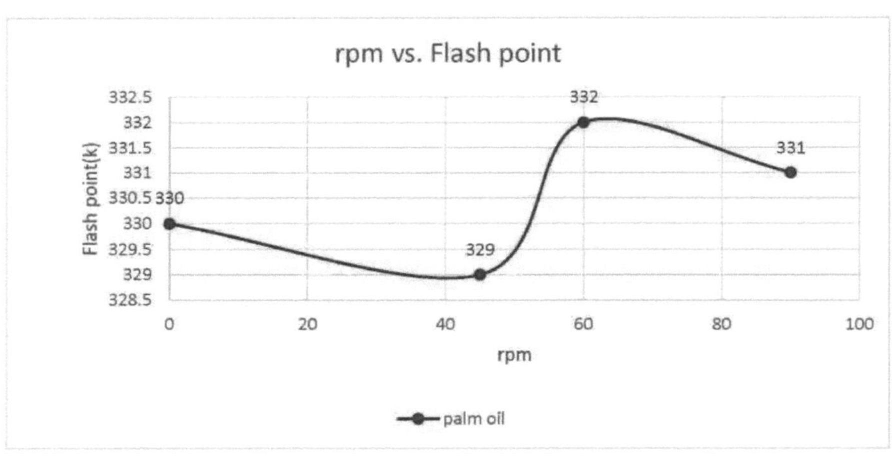

Gráfico 3.3: rpm vs. ponto de inflamação do óleo de palma

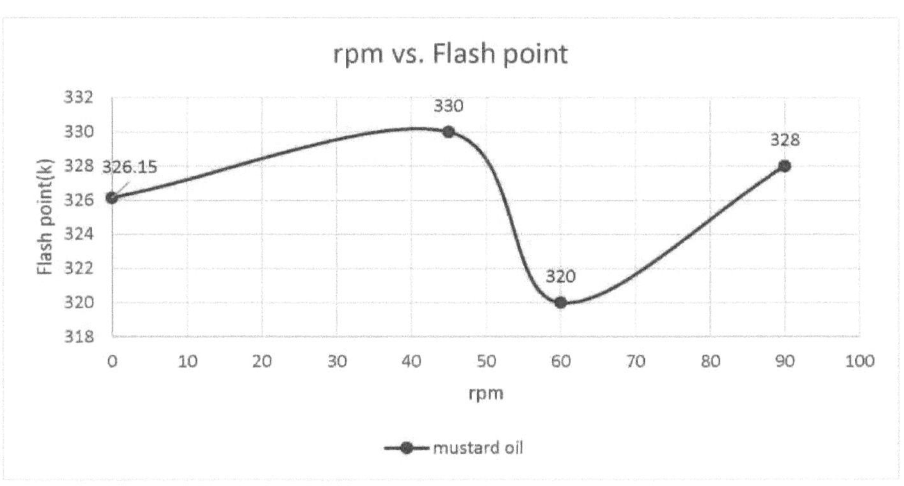

Gráfico 3.4: rpm vs. ponto de inflamação para óleo de mostarda

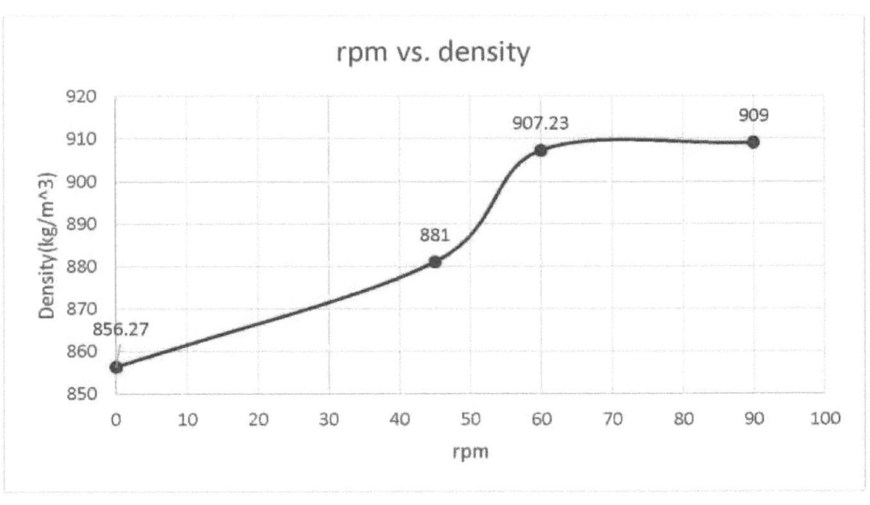

Gráfico 3.5: rpm vs. Densidade para o óleo de palma

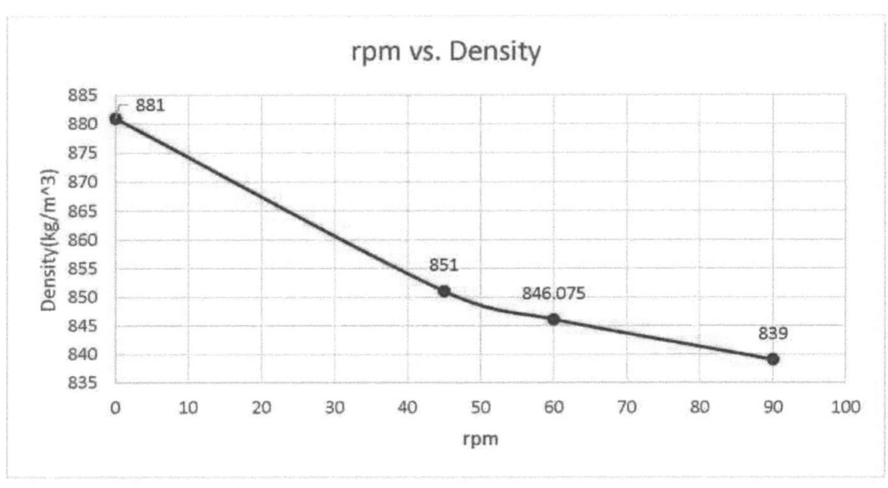

Gráfico 3.6: rpm vs. Densidade para óleo de mostarda

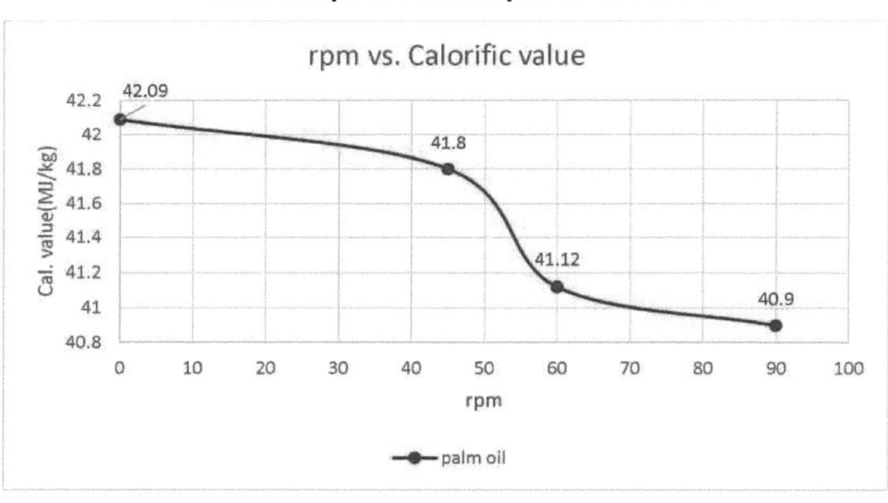

Gráfico 3.7: rpm vs. valor Cal para o óleo de palma

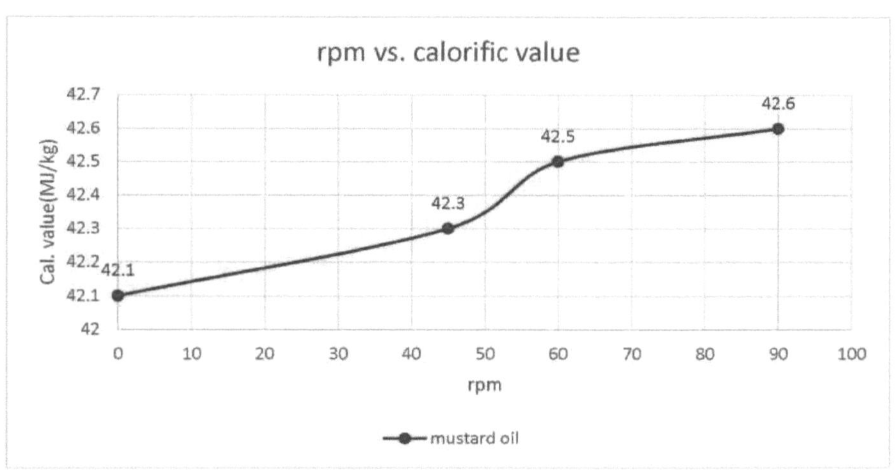

Gráfico 3.8: rpm vs. valor cal para o óleo de mostarda

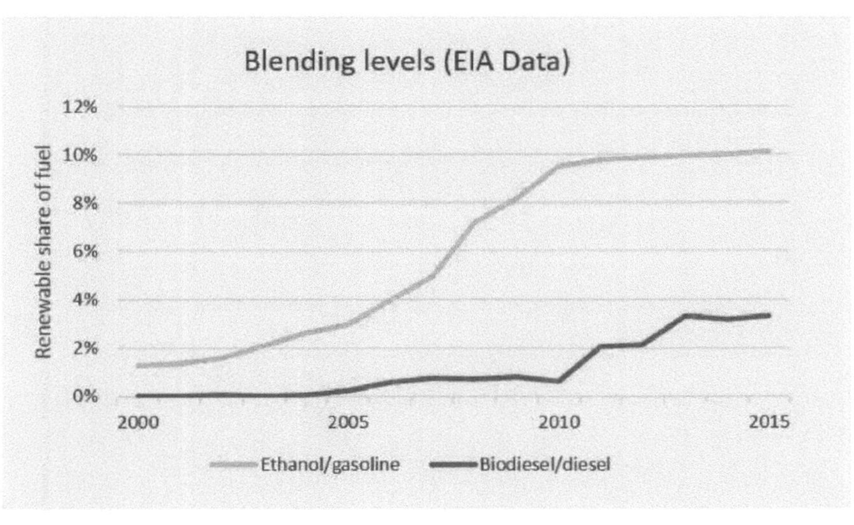

Fig3.6: Níveis de mistura

Conclusão

Nos últimos anos, o biodiesel tornou-se um combustível alternativo mais atrativo para os motores diesel devido aos seus benefícios ecológicos e à sua natureza renovável, ou seja, as gorduras vegetais e animais. A transesterificação é um método comummente utilizado para reduzir a viscosidade durante a produção de biodiesel. O objetivo deste método é reduzir a viscosidade do óleo ou da gordura utilizando um catalisador ácido ou básico na presença de metanol ou etanol. No entanto, a reação de transesterificação é fortemente afetada pela razão molar do álcool, pela temperatura da reação, pelo tempo de reação e pela concentração do catalisador. Por conseguinte, este documento aborda brevemente os factores que afectam a reação de produção de biodiesel.

CAPÍTULO 4
PROCEDIMENTO EXPERIMENTAL

4.0 INTRODUÇÃO

O grande aumento do número de automóveis nos últimos anos resultou numa grande procura de produtos petrolíferos. Dado que se estima que as reservas de petróleo bruto durem algumas décadas, tem havido uma procura ativa de combustíveis alternativos. O esgotamento do petróleo bruto teria um grande impacto no sector dos transportes. Para satisfazer as necessidades energéticas cada vez maiores, tem havido um interesse crescente em combustíveis alternativos, como o biodiesel, para fornecer um substituto adequado do gasóleo para os motores de combustão interna. Os biodieseis constituem uma alternativa muito promissora ao gasóleo, uma vez que são renováveis e têm propriedades semelhantes.

4.1 Configuração

O dispositivo automático principal é composto por duas partes. Uma é considerada principal e a outra secundária. A fase menor tem câmaras separadas. Na fase menor, a primeira, que é o nível mais elevado, tem dois contentores ou jarros.

A fase principal tem três andares. O primeiro andar é a secção de mistura, onde óleos como os de soja, palma, mostarda e óleos de fritura residuais se misturam com metanol. O segundo andar é a fase de arrefecimento ou de separação, onde o biocombustível e o glicerol são separados. O terceiro andar é a fase de limpeza, onde o gasóleo e o biocombustível são misturados para obter o produto final.

Na fase secundária, outro piso, designado por rés do chão, onde o produto final, o biodiesel, o glicerol de subprodutos e a água não limpa são recolhidos quando as reacções e as fases de lavagem estão completamente concluídas.

Nesta configuração, foram utilizados muitos outros equipamentos, como válvulas manuais, tubos, acessórios, redutores, componentes electrónicos como microcontrolador, relé, potenciómetro, LM35, placa de desenvolvimento Arduino. Também utilizamos alguns dispositivos de medição adicionais para medir a rotação da ventoinha. As rpm são medidas por um tacómetro e a temperatura é medida por um termómetro.

Utilizamos alguns frascos ou garrafas extra para conservar a amostra para testes adicionais a efetuar no laboratório de termodinâmica. Realizamos três testes que são explicados e discutidos na secção de testes deste capítulo. Esta instalação é considerada como a primeira fábrica automática de biodiesel em pequena escala no Bangladesh. Esta instalação é controlada por palavras lógicas programáveis que são introduzidas na placa de desenvolvimento e abrem e fecham automaticamente a válvula solenoide com a ajuda da mudança de temperatura e o temporizador é codificado na placa de programa Arduino. Um lote é feito e, após 24 horas, outra quantidade de produtos químicos é misturada em porções adequadas e feita sequencialmente.

O outro processo foi efectuado passo a passo, o que está programado anteriormente, e foram feitas alterações comparativas muito cuidadosas para realizar este teste.

> **Reator:**

- **Equipamento:**
  - Ventilador
  - Válvula solenoide
  - Câmara de acrílico
  - Braçadeira de vedação
  - Eixo de nylon
  - Motor elétrico
  - Aquecedor elétrico
  - Sensor de temperatura
  - Termómetro
- **Produtos químicos**
  - Óleo vegetal (óleo de palma e de mostarda) o Metanol
  - KOH

4.2 PROCEDIMENTO

Primeiro, a partir da fase inferior superior, adiciona-se óleo vegetal como o de palma e o de mostarda, juntamente com o etanol e o hidróxido de potássio. Em seguida, é misturado por um ventilador que é alimentado por um motor elétrico de corrente contínua ligado a um eixo de nylon e que funciona com uma quantidade variável de rpm. Este processo é também designado por agitação. Após a agitação adequada nesta câmara, os produtos são aquecidos a uma temperatura de 60 graus Celsius por um aquecedor elétrico. Quando a mistura é feita corretamente, deixa-se arrefecer à temperatura ambiente durante 24 horas, o que é feito no piso seguinte. Depois de completar o procedimento do primeiro andar, o segundo andar, que é mantido para espera e separação, deve ser feito de forma muito simples.

A braçadeira de vedação é utilizada para apertar o tubo e garantir a prevenção de fugas. Quanto mais se evitarem as fugas, mais útil será o produto e mais utilizável será o biodiesel. É a única forma de evitar que o processo se torne mais eficiente.

Por vezes, para um produto mais utilizável, podemos até fazer coisas melhores do que esperávamos antes. Com certeza que conseguimos as coisas mais fáceis e preferíveis e favoráveis e conseguimos as coisas de uma forma muito confortável. Mais uma vez, deparamo-nos com alguns problemas que podem impedir a obtenção de um produto com muitos recursos e a obtenção de algo possível. Finalmente, ultrapassamos alguns problemas que podemos manter para investigação futura.

4.3 Fase de espera e extração

Neste piso, o tempo de espera é de 24 horas para cada lote de produção. O caminho deve estar em perfeitas condições para completar o segundo processo e os outros passos devem ser feitos da mesma forma que antes. De seguida, aguarda-se a recolha do biodiesel e o processo de limpeza deve ser feito de seguida.

Nesta secção, é possível colocar uma maior quantidade de combustível. O gasóleo é misturado nesta câmara. Comparamos o tipo de biodiesel misturando uma quantidade variável de combustível nesta secção. O B60 e o B80 podem ser produzidos com 80% de óleo vegetal e 20% de gasóleo misturados neste critério. O outro óleo pode ser produzido com 40% de gasóleo e o resto de óleo vegetal misturado. É assim que podemos produzir quantidades variáveis de biodiesel.

Em geral, as matérias-primas para o biodiesel podem ser classificadas em três grupos: óleos vegetais (comestíveis ou não comestíveis), gorduras animais e óleos alimentares usados, incluindo triglicéridos. Mas também pode ser utilizada uma variedade de óleos para produzir biodiesel, algas, que podem ser cultivadas utilizando materiais residuais, como as águas residuais, sem deslocar terras atualmente utilizadas para a produção de alimentos, e óleo de halófitas, como a salicorniabigelovii, que pode ser cultivada utilizando água salgada em zonas costeiras onde não é possível cultivar culturas convencionais, com rendimentos iguais aos da soja e de outras sementes oleaginosas cultivadas com irrigação de água doce.

Muitos defensores sugerem que o óleo vegetal usado é a melhor fonte de óleo para produzir biodiesel, mas uma vez que a oferta disponível é drasticamente inferior à quantidade de combustível à base de petróleo que é queimado nos transportes e no aquecimento doméstico no mundo, esta solução local não tem uma boa escala.

Tiramos partido desta vantagem criando este processo automaticamente e tornando-o mais científico. Este é um processo contínuo pelo qual podemos facilmente assegurar a pureza e a qualidade das coisas para cada propriedade e fazer o melhor uso delas. Para todos os efeitos, devemos ter em mente que queremos fazer com que este processo demore menos tempo e de uma forma muito construtiva. Damos mais importância à qualidade do produto e à sua forma automática de obter produtos num prazo relativamente curto.

4.4 Fase de limpeza

O biodiesel bruto que é obtido após a separação do glicerol precisa de ser limpo. Uma das possibilidades para conseguir a limpeza é utilizar água e borbulhar ar através dela. Isto dissolverá o sabão, o óleo não reagido e outras impurezas que podem ser encontradas no biodiesel bruto.

A lavagem do biodiesel com água é o método mais antigo e mais comum de limpeza do biodiesel. Cerca de 3% do biodiesel bruto não lavado é metanol. O metanol é um solvente; captura o sabão e outras impurezas e mantém-nas dissolvidas no biodiesel. A água absorve esse metanol, libertando as impurezas para serem lavadas com água.

O facto de manter o metanol líquido e diluído em água faz com que a lavagem com água seja a forma mais segura de limpar o biodiesel. A lavagem com água é a forma mais flexível de purificar o biodiesel. Nas condições corretas, pode ser lavado em apenas algumas horas com métodos de lavagem extremamente agressivos. A lavagem com água pode ser automatizada e pode ser misturada e combinada com diferentes métodos de lavagem para se adaptar às necessidades pessoais.

4.5 Ensaios experimentais

Devem ser efectuados diferentes ensaios quando os produtos finais de biodiesel são fabricados para medir a qualidade do produto. Os seguintes ensaios devem ser realizados para obter uma comparação com o gasóleo puro e o biodiesel.

São eles...

- Viscosidade
- Ponto de nuvem
- Ponto de inflamação
- Ponto de inflamação
- Densidade
- Teste do sabão
- Ensaio de solubilidade
- Resíduos de carbono

4.5.1 Ensaio de viscosidade

A viscosidade refere-se à espessura do óleo e é determinada através da medição do tempo necessário para que uma determinada medida de óleo passe através de um orifício de um tamanho especificado. A viscosidade afecta a lubrificação do injetor e a atomização do combustível. Os combustíveis com baixa viscosidade podem não fornecer lubrificação suficiente para o ajuste de precisão das bombas de injeção de combustível, resultando em fugas ou maior desgaste. A atomização do combustível também é afetada pela viscosidade do combustível. Os combustíveis para motores diesel com elevada viscosidade tendem a formar gotículas maiores na injeção, o que pode causar uma combustão deficiente, aumento dos fumos de escape e das emissões.

O teste está a ser feito na máquina de medição da viscosidade cinemática. Tomamos 150 ml de biodiesel para medir a viscosidade do gasóleo. Corremos para B100, B80, B60 e gasóleo puro. Demorou quase uma hora a efetuar a leitura. Obtivemos valores diferentes e recolhemos os dados e colocámo-los no gráfico.

4.5.2 Ponto de inflamação

A temperatura do ponto de inflamação de um combustível é a temperatura mínima a que o combustível se inflama (flash) com a aplicação de uma fonte de ignição. O ponto de inflamação varia inversamente com a volatilidade do combustível. As temperaturas mínimas do ponto de inflamação são necessárias para a segurança e o manuseamento adequados do gasóleo.

Para medir o ponto de inflamação do biodiesel, utilizamos a máquina "set flash point set up". Ajustámos a temperatura de 38 graus Celsius e aumentámo-la gradualmente até 92 graus. Encontrámos um máximo de 90 graus como ponto de inflamação do biodiesel. Sempre que alteramos a temperatura, retiramos 2 ml de óleo da amostra e colocamo-lo na câmara de aquecimento. Os diferentes valores são registados para posterior investigação.

4.5.3 Percentagem de cinzas

A cinza é uma medida da quantidade de metais contidos no combustível. Concentrações elevadas destes materiais podem causar entupimento da ponta do injetor, depósitos de combustão e desgaste do sistema de injeção. O teor de cinzas é importante para o poder calorífico, uma vez que este diminui com o aumento do teor de cinzas.

Neste ensaio, utilizamos equipamento de medição de resíduos de carbono para medir a percentagem de carbono presente no biodiesel. Para efetuar a leitura, tomamos os procedimentos necessários, como a pesagem do combustível antes do aquecimento e depois do aquecimento através de um frasco. De seguida, levamos o valor medido para a área do compartimento do óleo.

Aquecer o processo durante cerca de uma hora para o fazer arder por aquecimento elétrico. Em seguida, tomar a percentagem e o peso para obter a quantidade de cinzas.

4.6 Separação dos produtos

Fig4.1: Separação do Biodiesel

A única peça de equipamento necessária para a separação do glicerol e do biodiesel é um recipiente separador.

Procedimento

O produto líquido obtido da reação de transesterificação, que era basicamente formado por glicerol e Biodiesel, é colocado no funil de separação. Ele fica lá durante a noite (cerca de 24 horas) e então, o glicerol, que é o produto mais pesado, é separado porque forma a fase que fica no fundo.

Conclusão

Foram efectuados diferentes testes no nosso laboratório experimental. No nosso laboratório, apenas três parâmetros foram medidos para a substância líquida ou combustível. Para que o processo decorresse sem problemas, tentámos fazer as coisas de forma correta e clara. Devido à falta de tempo, só conseguimos obter três propriedades variando três parâmetros, que foram discutidos nas secções anteriores. Os parâmetros que alterámos são o tempo, a temperatura e as rpm. Para o ensaio de viscosidade cinemática, a quantidade de líquido deve ser de 150 ml. Porque no compartimento onde colocamos o líquido existe um indicador de medição que deve ser introduzido no líquido, caso contrário a experiência não pode decorrer corretamente.

Outras condições, como a temperatura ambiente, o tempo que contámos para o processo de medição, não devem ser inconscientes de forma alguma. Os dados que encontrámos são muito importantes para calcular e comparar com outros gasóleos e combustíveis para fazer funcionar um motor a gasóleo. Por isso, devemos ter o cuidado de efetuar este processo com a devida supervisão da autoridade e do supervisor

CAPÍTULO 5
Resultados e discussão

5.1 INTRODUÇÃO

O biodiesel é provavelmente a melhor solução para a procura contínua de combustível livre de poluição. É seguro para o ambiente e a conceção atual da construção do motor não exige quaisquer alterações para ser compatível com o biodiesel. Apesar de ter muitos aspectos positivos, ainda não é muito popular entre os consumidores devido ao seu elevado preço. Se os custos de produção puderem ser reduzidos, o preço de retalho também será reduzido. É necessária uma investigação alargada do método de produção para que o preço desça ao alcance de todos. Só assim o mundo poderá avançar para um futuro mais verde.

5.2 Viscosidade cinemática

A viscosidade é uma propriedade física importante de um combustível para motores diesel. Uma viscosidade inadequada conduz a uma combustão deficiente, que resulta em perda de potência e excesso de fumo de escape. Os gasóleos com viscosidades extremamente baixas podem não fornecer lubrificação suficiente para as bombas e êmbolos dos injectores, que estão bem ajustados. Podem promover um desgaste anormal e provocar fugas e gotejamento no injetor e na bomba do injetor, o que leva à perda de potência, uma vez que o combustível fornecido pelo injetor é reduzido. O gasóleo com uma viscosidade mais elevada também não é desejável, uma vez que um combustível demasiado viscoso aumenta as perdas por bombagem na bomba injectora e nos injectores, o que reduz a pressão de injeção, resultando numa atomização deficiente e numa mistura ineficaz com o ar, afectando assim o processo de combustão.

5.3 Ponto de inflamação

O ponto de inflamação de um combustível é definido como a temperatura a que este se inflama quando exposto a uma chama ou faísca. O ponto de inflamação do biodiesel é mais elevado do que o do combustível para motores diesel à base de petróleo. O ponto de inflamação das misturas de biodiesel depende do ponto de inflamação do combustível diesel de base utilizado e aumenta com a percentagem de biodiesel na mistura. Assim, no armazenamento, o biodiesel e as suas misturas são mais seguros do que o gasóleo convencional. O ponto de inflamação do biodiesel derivado de óleo de mostarda usado é de 145°C, mas pode reduzir-se drasticamente se o álcool utilizado no fabrico do biodiesel não for removido corretamente. O álcool residual no biodiesel reduz drasticamente o seu ponto de inflamação e é prejudicial para a bomba de combustível, os vedantes, etc. Também reduz a qualidade da combustão.

5.4 Carbono residual

Está correlacionado com as respectivas quantidades de glicosídeos, ácidos gordos livres, sabões e resíduos de catalisador. O parâmetro serve como uma medida da tendência de uma amostra de combustível para produzir depósitos nas pontas dos injectores e no interior da câmara de combustão. É também influenciado pela elevada concentração de ésteres metílicos de ácidos gordos polinsaturados e polímeros.

O biodiesel tornou-se agora um combustível alternativo mais atrativo para os motores diesel. As propriedades do biodiesel são muito importantes. Porque o desempenho do motor depende dessas propriedades. O objetivo desta tese é analisar estas propriedades e alterar diferentes parâmetros para as aproximar do gasóleo. Por isso, este documento discute brevemente os factores que afectam a reação de produção do biodiesel.

5.5 Rumo a um futuro mais verde

As tecnologias mais inteligentes proporcionam benefícios a múltiplos interesses, incluindo uma maior economia e um impacto positivo no ambiente e nas políticas governamentais. O papel da indústria do biodiesel é criar uma política energética equilibrada. A contribuição dos diferentes biocombustíveis para a redução do consumo de combustíveis fósseis varia muito quando se tem também em conta a energia fóssil utilizada como fator de produção. O balanço energético fóssil de um biocombustível depende de factores como as caraterísticas da matéria-prima, a localização da produção, as práticas agrícolas e a fonte de energia utilizada no processo de conversão. Os diferentes biocombustíveis têm também desempenhos muito diferentes em termos da sua contribuição para a redução das emissões de gases com efeito de estufa. Os biocombustíveis são apenas um componente de uma série de alternativas para a redução das emissões de gases com efeito de estufa. Dependendo dos objectivos políticos, outras opções podem revelar-se mais eficazes em termos de custos, incluindo diferentes formas de energia renovável, maior eficiência e conservação energética e redução das emissões resultantes da desflorestação e da degradação dos solos. Há quase 20 anos que se realizam estudos sobre as emissões de biodiesel. Durante esse período, o biodiesel foi submetido aos ensaios mais rigorosos de qualquer combustível alternativo, tendo sido o primeiro e único combustível a ser avaliado pela EPA ao abrigo da secção 211(b) do Clean Air Act. Este estudo examinou o impacto de centenas de emissões de gases de escape regulamentadas e não regulamentadas, bem como os potenciais efeitos na saúde.

Tabela 5.1: Conteúdo de poluentes

Particulate Matter	-47%
Carbon Monoxide	-48%
Unburned Hydrocarbons	-67%
Sulfates	-100%
PAH	-80%
nPAH	-90%

5.6 Mistura e mudança de combustível com gasóleo

O biodiesel pode ser utilizado a 100% (B100) ou em misturas com gasóleo de petróleo. As misturas são indicadas por Bxx, que corresponde à percentagem de biodiesel no combustível misturado. Por exemplo, uma mistura de 20% de biodiesel com 80% de gasóleo é designada por B20. Quando o biodiesel é utilizado pela primeira vez num veículo, pode libertar depósitos no depósito de combustível que podem levar ao entupimento do filtro de combustível. Após este período inicial, o utilizador pode alternar entre o biodiesel e o gasóleo de petróleo sempre que necessário ou desejado, sem modificações. O biodiesel proporciona uma excelente lubrificação ao sistema de injeção de combustível. Recentemente, com a introdução de combustíveis diesel com baixo teor de enxofre e ultrabaixo teor de enxofre, muitos dos compostos que anteriormente forneciam propriedades lubrificantes ao combustível diesel de petróleo foram removidos. Ao misturar biodiesel em quantidades tão pequenas como 5%, a

lubrificação pode ser dramaticamente melhorada e a vida útil do sistema de injeção de combustível de um motor pode ser prolongada.
Tal como o gasóleo de petróleo, o biodiesel pode gelificar com o tempo frio. A melhor forma de utilizar o biodiesel nos meses frios é misturá-lo com gasóleo de inverno.

5.7 Biodiesel e biodiversidade

Embora seja pouco frequente que uma pessoa comum entre em contacto direto com combustíveis, ocorrem ocasionalmente derrames e o impacto do derrame nas plantas e nos animais deve ser considerado. Está provado que o biodiesel é muito menos tóxico e é facilmente biodegradável. Estes atributos fazem com que seja menos provável que prejudique o ambiente se ocorrer um derrame acidental, e muito menos dispendioso para reparar os danos e limpar.

Sendo derivado de óleos vegetais, o biodiesel é naturalmente não tóxico. A DL50 (dose letal) oral aguda do biodiesel é superior a 17,4 g/Kg. Em comparação, o sal de mesa (NaCl) tem um LD50 de 3,0g/Kg. Isto significa que o sal de mesa é quase seis vezes mais tóxico do que o biodiesel. No ambiente aquático, o biodiesel é 15 vezes menos tóxico para espécies comuns de peixes do que o gasóleo. Tanto no solo como na água, o biodiesel degrada-se a um ritmo 4 vezes mais rápido do que o gasóleo normal, com quase 80% do carbono do combustível a ser prontamente convertido pelos organismos do solo e da água em apenas 28 dias.

O biodiesel é mais seguro de manusear do que o combustível de petróleo devido à sua baixa volatilidade. Devido ao elevado teor de energia de todos os combustíveis líquidos, existe o perigo de ignição acidental quando o combustível está a ser armazenado, transportado ou transferido. A possibilidade de ocorrer uma ignição acidental está relacionada, em parte, com a temperatura a que o combustível cria vapor suficiente para se inflamar, conhecida como temperatura do ponto de inflamação. Quanto mais baixa for a temperatura do ponto de inflamação de um combustível, mais baixa será a temperatura a que o combustível pode formar uma mistura combustível.

5.8 Biodiesel Economia e obstáculos ao preço

Uma vez que o biodiesel é um combustível que pode ser criado a partir de recursos disponíveis localmente, a sua produção e utilização podem proporcionar uma série de benefícios económicos para as comunidades locais. A matéria-prima do biodiesel pode provir de uma variedade de culturas agrícolas. Quando estas culturas são cultivadas de forma sustentável, há benefícios a longo prazo para os agricultores, as comunidades agrícolas e a terra. Muitas culturas que produzem óleos utilizados na produção de biodiesel podem ser uma rotação benéfica para outras culturas alimentares. A utilização de culturas em rotação pode melhorar a saúde dos solos e reduzir a erosão. Os impactos globais da produção de culturas energéticas são complexos, com milhares de variáveis. No entanto, o valor acrescentado criado para as culturas oleaginosas pela produção de biodiesel é um benefício tangível para as comunidades agrícolas e, quando associado a práticas agrícolas sustentáveis, pode trazer benefícios para as comunidades agrícolas e para o ambiente.

No Bangladesh, o gasóleo é utilizado principalmente na agricultura, nos transportes e na produção de energia. O gasóleo está a tornar-se escasso e mais caro e a nossa reserva de gás está a diminuir de dia para dia. O transporte de bens e pessoas no Bangladesh é dominado pelo transporte rodoviário, que representa 80% do total de 1 50 000 veículos a motor e 49% do transporte de mercadorias. Além disso, o rápido crescimento da industrialização no Bangladesh exige um nível muito mais elevado de consumo de energia. Por conseguinte, há uma necessidade urgente de produzir fontes de combustível mais baratas.

A área do Bangladesh é de cerca de 147 570 quilómetros quadrados, com uma população de 138,8 milhões de habitantes. Sendo um país sobrepovoado, não é possível utilizar fontes de óleo comestível para efeitos de produção de biodiesel, pelo que a única opção são as fontes de óleo não comestível. As terras cultiváveis não podem ser utilizadas para o cultivo de sementes de óleo não comestível. Assim, a nossa única esperança são as zonas ferroviárias e rodoviárias, bem como as terras que não podem ser utilizadas para cultivo. As quantidades de terras não utilizadas não são demasiado grandes para cultivar um grande número de sementes oleaginosas não comestíveis

Quadro 5.2: Quantidades de terrenos não utilizados

Total road line	21040 Km
Total rail line	2835 Km
Total amount of road side	42080000 m
Total amount of rail line side	5670000 m
Distance between two trees	2 m
Types of seeds	10
Total number of each kind of seeds planted both sides of road and rail line	2387500

Tabela 5.3: Custo de produção do biodiesel

Sl. No.	Component	Amount used	Unit price (Tk)	Cost (Tk)
1.	Soybean	1 liter	102 Tk/L	102
2.	Methanol	200ml	1000 Tk/L	200
3.	KOH	7.5gm	800 Tk/Kg	6

Custo total do biodiesel a 100% = 308 Tk.

Custo de funcionamento do motor com diferentes combustíveis:

Fuel	Cost (Tk/liter)
Diesel	54
B10	57.10
B20	60.20
B30	63.30
B40	66.40
B50	69.50

O custo atual de funcionamento de um motor diesel para motores a biodiesel é mais caro do que um motor diesel puro. Este é o maior obstáculo à popularidade do biodiesel entre os consumidores. No entanto, o custo pode ser drasticamente reduzido se o metanol puder ser reciclado após a reação de transesterificação. Além disso, na nossa experiência, utilizámos óleo de soja de qualidade alimentar. A utilização de óleo em bruto faria diminuir o custo de produção. Na Índia, o governo concede um enorme subsídio ao gasóleo, o que faz baixar o preço do gasóleo.

O biodiesel é um combustível alternativo seguro para substituir o gasóleo de petróleo tradicional. Tem uma elevada lubricidade, é um combustível de queima limpa e pode ser um componente de combustível para utilização em motores diesel existentes e não modificados. Isto significa que não são necessárias adaptações quando se utiliza o biodiesel em qualquer motor de combustão a gasóleo. É o único combustível alternativo que oferece tal conveniência. O biodiesel actua como o gasóleo de petróleo, mas produz menos poluição atmosférica, provém de fontes renováveis, é biodegradável e é mais seguro para o ambiente.

A produção de combustíveis biodiesel pode ajudar a criar revitalização económica local e benefícios ambientais locais.

Prevê-se que o mercado mundial de biodiesel aumente nos próximos dez anos. A Europa representa atualmente 80% do consumo e da produção mundiais, mas os EUA estão a recuperar o atraso, com um ritmo de produção mais rápido do que a Europa. Prevê-se que o Brasil ultrapasse a produção de biodiesel dos EUA e da Europa até 2015. A Europa, o Brasil, a China e a Índia têm cada um o objetivo de substituir 5% a 20% do gasóleo total por biodiesel. Se os governos continuassem a investir mais em I&D sobre a exploração de biocombustíveis, seria possível atingir os objectivos mais cedo. Mas, como já foi referido, este esforço tem um lado negativo. A destruição necessária anulará em parte a vantagem do biodiesel e, além disso, essa conversão ameaçará espécies já em perigo. O biodiesel de culturas oleaginosas e o bioetanol de cana-de-açúcar ou milho estão a ser produzidos em quantidades crescentes como biocombustíveis renováveis, mas a sua produção em grandes quantidades não é sustentável e constitui um desafio técnico para a produção comercial.

RECOMENDAÇÃO

1. Os combustíveis biodiesel produziram menos fumo do que o gasóleo em condições de funcionamento semelhantes do motor, provavelmente porque o óleo de palma contém oxigénio que ajuda a combustão no cilindro.

2. O biodiesel e os combustíveis de referência apresentaram padrões de pressão de combustão semelhantes a cargas baixas e médias do motor, o que sugere que os biodieseis não tiveram qualquer efeito adverso em termos de detonação.

3. Os combustíveis biodiesel reduziram a libertação de calor da combustão pré-misturada devido à sua menor volatilidade. [3]

O biodiesel é produzido utilizando uma grande variedade de recursos. Esta diversidade tem crescido significativamente nos últimos anos, ajudando a moldar uma indústria ágil que está constantemente à procura de novas tecnologias e matérias-primas. De facto, a procura da indústria por fontes menos dispendiosas e fiáveis de gorduras e óleos está a estimular uma investigação promissora sobre a próxima geração de matérias-primas.

Com pouco mais de uma década de produção à escala comercial, a indústria orgulha-se da sua abordagem cuidadosa ao crescimento e da sua forte aposta na sustentabilidade. A produção aumentou de cerca de 25 milhões de galões no início dos anos 2000 para cerca de 1,7 mil milhões de galões de biocombustível avançado em 2014. Isto representa uma componente pequena, mas crescente, do mercado anual de gasóleo rodoviário dos EUA, de cerca de 35 mil milhões a 40 mil milhões de galões. De acordo com a disponibilidade prevista de matéria-prima, a indústria estabeleceu o objetivo de produzir cerca de 10% do mercado de transporte de gasóleo até 2022.

O aumento da procura de energia, as alterações climáticas e as emissões de dióxido de carbono (CO2) provenientes dos combustíveis fósseis tornam altamente prioritária a procura de recursos energéticos com baixo teor de carbono. Os biocombustíveis têm sido cada vez mais explorados como uma possível fonte alternativa de combustível e representam um objetivo fundamental para o futuro mercado da energia que pode desempenhar um papel importante na manutenção da segurança energética. São sobretudo considerados como uma fonte de energia potencialmente barata e com baixo teor de carbono. Bio energy- 2016 é o evento concebido para os profissionais internacionais para facilitar a divulgação e a aplicação dos resultados da investigação relacionados com a bioenergia como combustíveis de substituição. É uma plataforma científica para conhecer outros decisores-chave em todas as organizações de biotecnologia, instituições académicas, indústrias e institutos relacionados com o ambiente, etc., tornando o congresso uma plataforma perfeita para partilhar e adquirir conhecimentos no domínio da bioenergia e dos biocombustíveis. Biocombustíveis -2015 é uma plataforma para reunir visionários através de palestras e apresentações de investigação e apresentar muitas estratégias instigantes de produção e aumento de escala de energia renovável, tornando o congresso uma plataforma perfeita para partilhar proficiência[9].

Críticas recentes aos biocombustíveis:

As actuais metas políticas para a utilização de biocombustíveis são impulsionadas por uma combinação de preocupações ambientais (especialmente na Europa) sobre os impactos putativos das emissões líquidas de carbono; e preocupações de segurança (especialmente nos EUA) sobre a fiabilidade e o custo dos combustíveis importados. Entretanto, o argumento económico a favor dos biocombustíveis foi reforçado pelo aumento aparentemente inexorável dos preços do petróleo bruto para 100 dólares por barril. Ironicamente, porém, vários grupos ambientalistas, ONG de países em desenvolvimento e alguns cientistas começaram recentemente a questionar

A sensatez da atual corrida aos biocombustíveis. Foi salientado que a produção de biocombustíveis em economias industriais como a UE pode gerar tanto ou mais carbono do que aquele que captura, para além de depender quase inteiramente de subsídios provenientes de impostos públicos. Por outro lado, alega-se que a produção de biocombustíveis nas economias em desenvolvimento desvia as terras produtivas das culturas comestíveis e aumenta os preços dos alimentos para os consumidores relativamente pobres. Além disso, a conversão de habitats imaculados, como a floresta tropical, para a produção de biocombustíveis terá conduzido à degradação ambiental e à perda de habitats, por exemplo, para espécies emblemáticas como o orangotango em algumas regiões do Extremo Oriente. Algumas das potenciais consequências adversas de uma adoção demasiado apressada dos biocombustíveis podem ser ilustradas pelos seguintes exemplos recentes. Nos EUA, o desvio do milho para a produção de bioetanol em 2007 levou a uma grande redução da plantação de soja e ao aumento dos preços da matéria-prima do óleo de soja e de outros cereais de base, como o trigo e a cevada. Como as reservas de milho foram desviadas para a utilização como combustível, os preços dos produtos comestíveis à base de milho, como as tortilhas, aumentaram 60%, o que levou a uma grave desordem civil no

México durante os "motins das tortilhas" do início de 2007, bem como a alertas sobre possíveis impactos globais nos preços dos alimentos. Mesmo nos países europeus mais ricos, o impacto dos aumentos dos preços dos alimentos gerados pelos biocombustíveis causou preocupação na opinião pública, como demonstrado pelos apelos em Itália a uma greve das massas (sciopero della pasta) em protesto contra os aumentos dos preços do trigo em setembro de 2007. Mas o impacto mais grave registou-se nos países mais pobres, especialmente em partes da Ásia, onde os preços do pão chegaram a aumentar 80% na última parte de 2007. Muitas críticas técnicas e económicas aos biocombustíveis baseiam-se em análises dos seus custos ambientais e económicos globais em relação aos seus resultados úteis. Os pressupostos subjacentes a esses cálculos foram por vezes questionados por outros especialistas, mas não deixam de suscitar preocupações quanto às credenciais ambientais de certos biocombustíveis. Algumas das críticas de não-cientistas aos biocombustíveis têm sido ainda mais diretas, como a sua controversa descrição, em outubro de 2007, como "um crime contra a humanidade" pelo Relator Especial da ONU Jean Ziegler e o relatório de novembro de 2007 da Oxfam, que alerta para o facto de a corrida às culturas de biocombustíveis poder prejudicar as populações mais pobres dos países em desenvolvimento, reduzindo a produção de alimentos e aumentando os preços. [11]

CONCLUSÃO

Este trabalho centrou-se na conceção de uma unidade automatizada de produção de biodiesel em pequena escala e na análise das propriedades do combustível do produto obtido. O processo foi testado através da variação de diferentes parâmetros e foram obtidos resultados satisfatórios em todos os casos. O controlo manual do processo de produção era muito limitado e pode mesmo ser utilizado em casa para produzir biodiesel caseiro. O sistema poderia ser redesenhado numa escala maior para produzir biodiesel em grandes quantidades.

O biodiesel é o melhor candidato para os combustíveis diesel nos motores diesel. Arde como o gasóleo de petróleo e envolve poluentes regulamentados. Assim, é necessário implementar a utilização de biodiesel em vez do atual petróleo e gasolina devido a todos os méritos e vantagens que traz para a mesa. Em comparação com o petróleo e a gasolina, o biodiesel vence os seus concorrentes em todas as categorias de emissões de substâncias tóxicas e não representa praticamente nenhuma ameaça para o ambiente. Além disso, em vez de aumentar os níveis de dióxido de carbono na atmosfera, a produção e utilização global de biodiesel consome mais dióxido de carbono do que emite, tornando-o assim um instrumento valioso na prevenção do aquecimento global. O gasóleo de petróleo não só prejudica o nosso ambiente através das emissões de substâncias tóxicas, como também tem um efeito negativo na nossa saúde física. Estas emissões têm sido relacionadas com muitos casos de cancro, doenças cardiovasculares e respiratórias, asma e infecções nos pulmões. Ao utilizar o biodiesel em vez do gasóleo de petróleo, não só estaremos a ajudar o ambiente com uma alternativa muito melhor, como também estaremos a reduzir significativamente muitos riscos para a saúde.

O facto de a maior parte dos biodieseis serem produzidos internamente significa que, ao utilizá-los em maior quantidade, o mercado do biodiesel estimularia efetivamente a economia, reduzindo a dependência de um país das importações de petróleo estrangeiro. Além disso, a implementação do biodiesel é extremamente fácil e requer poucas ou nenhumas modificações no típico motor a gasóleo, o que torna a transição muito fácil e suave. É verdade que os alimentos comerciais são utilizados para produzir biodiesel, mas se existe um excedente, por que não dar uma melhor utilização a esse excedente? Não só iguala os seus rivais em termos de produção de energia, como também reduz os danos causados ao mundo. A produção de biodiesel a partir de óleos vegetais usados oferece uma solução com três vertentes: económica, ambiental e de gestão de resíduos. As novas tecnologias de processamento desenvolvidas tornaram possível a produção de biodiesel com muito mais facilidade e simplicidade.

De um modo geral, pode dizer-se que:

- O biodiesel é amigo do ambiente
- O biodiesel é um combustível alternativo de combustão limpa
- O biodiesel não contém petróleo, mas pode ser misturado com o gasóleo convencional.
- Este combustível pode ser utilizado em qualquer motor diesel sem qualquer modificação
- O biodiesel é degradável, não tóxico e isento de enxofre e chumbo.

As tendências actuais do consumo de energia não são seguras nem sustentáveis - do ponto de vista ambiental, económico ou social. A crise energética que se avizinha irá comprometer o nosso crescimento social e económico se não alterarmos as nossas práticas habituais e a nossa seleção de fontes de energia. Prevê-se que a grave escassez de combustíveis petrolíferos seja inevitável num futuro próximo, juntamente com uma drástica implicação ambiental. Por isso, a procura de um combustível alternativo limpo é vital. Até à data, as energias eólica, solar, das marés e de fusão são tipos de energias renováveis muito prospectivos. No entanto, para uma procura crescente de combustível de transporte para milhões de automóveis existentes, precisamos de uma alternativa que se adapte facilmente ao atual sistema de abastecimento e armazenamento e o biocombustível é um desses candidatos. Devido ao facto de ser fungível com a gasolina e o gasóleo em motores de combustão interna com poucas alterações. Assim, uma pequena modificação pode dar uma solução global para adaptar as propriedades do combustível à compatibilidade do motor. Pelo contrário, até à data, não existe nenhuma patente de veículo modificado que funcione com biodiesel. Tendo em conta todos os prós e contras e as propriedades do combustível, pode compreender-se que os aditivos multifuncionais para combustíveis podem tornar o biodiesel mais compatível com o motor, mas aumentarão o seu preço. Assim, a produção em massa e a utilização necessitam de um motor específico, o que pode ser feito modificando os actuais motores diesel apenas no sistema de abastecimento de combustível. [21]

BIBLIOGRAFIA

1. "Biodiesel Basics_Biodiesel org:_Biodiesel.org.2012[última atualização]. Retornado em 5 de maio de 2012.
2. Melhoria dos gases de escape dos veículos utilizando biodiesel à base de óleo de mostarda. Por Shafquat Hasan Noor & Dr. Mahbubul Alam (2011)
3. Estudo experimental do desempenho do motor C.I. utilizando uma mistura de biodiesel - PV Ramana
4. EF conservar a energia no futuro.
5. Descobrir a floresta. Org
6. Uma breve história dos biocombustíveis, por RP Siegel
7. Science Daily. 30 de novembro de 2007
8. Biocombustíveis para automóveis - Por Jonathon Strickland.
9. Congresso e Exposição Mundial de Biodiesel
10. A utilização e o futuro dos biocombustíveispor Hasan Aydogan.
11. www.seeker.com/top-10-sources-for-biofuel-17694544417
12. http//www.builddirect.com/blog/biofuel/
13. www.biofuelnet.ca/2013/07/31/a-brief-history-of-biofuels-from- ancient-history-to-today/
14. www.answers-to-your-biodiesel-questions.com/history-of- biodiesel.html
15. Auto.houstaffworks.com/fuel-efficiency/alternative- fuels/biodiesel2.html
16. www.eia-gov/energyexplained/?page=biofuel biodiesel home
17. Perspectivas futuras para os biocombustíveis - Denis J. Murphy
18. Fazer uma emulsão
19. Biocombustível no Bangladeche 2021 - Khondokar Abdus Saleque
20. Os biocombustíveis podem atenuar o aquecimento global - Henry lito D. tacio
21. Biodiesel de óleos de mostarda: Um combustível alternativo renovável para pequenos motores a gasóleo - Zannatul Moiet Hasib
22. Biodiesel de palma, uma energia verde renovável alternativa para as necessidades energéticas do futuro - Jawad Nagi
23. www.eia-gov/energyexplained/?page=biofuel biodiesel home
24. Extensão - Utilização de óleo de mostarda (ou biodiesel)
25. O biodiesel como recurso energético alternativo no sudoeste da Niqeria
26. Potencial do biodiesel como fonte de energia renovável no Bangladesh
27. Uma visão geral do biocombustível como fonte de energia renovável; desenvolvimento e desafios - por Masjuki Mj Hasan
28. www.cigjournal.org/index.php/Ejournal/article/viewfile/1201/1059
29. Ficheiro:///c:/Users/User/Downloads/Rupilius.pdf
30. Lib.buet.ac.bd:8080/xmulti/bitstream/handle/123456789/850/Fuel %20Thesis.pdf?Sequence

Printed by Books on Demand GmbH, Norderstedt / Germany